国家电网企业技能人员职业能力培训指导书

220kV综合自动化变电站仿真培训系统继电保护实训指导书

张　镇　陶永茂　韩小虎　徐明虎　等　编著

东北大学出版社

·沈　阳·

图书在版编目（CIP）数据

220kV综合自动化变电站仿真培训系统继电保护实训指导书／张镇等编著. — 沈阳：东北大学出版社，2015.12

ISBN 978-7-5517-1185-2

Ⅰ．①2… Ⅱ．①张… Ⅲ．①变电所—继电保护—技术培训—教材 Ⅳ．TM77

中国版本图书馆 CIP 数据核字（2015）第 318327 号

出 版 者：东北大学出版社
　　　　　地址：沈阳市和平区文化路 3 号巷 11 号
　　　　　邮编：110819
　　　　　电话：024 – 83687331（市场部）　83680267（总编室）
　　　　　传真：024 – 83680180（市场部）　83680265（社务部）
　　　　　E-mail：neuph@ neupress. com
　　　　　http：∥www. neupress. com
印 刷 者：沈阳市第二市政建设工程公司印刷厂
发 行 者：东北大学出版社
幅面尺寸：185mm×260mm
印　　张：15.5
字　　数：368 千字
出版时间：2015 年 12 月第 1 版
印刷时间：2015 年 12 月第 1 次印刷
责任编辑：汪彤彤　　　　　　　　　　　　　　责任校对：石玉玲
封面设计：刘江旸　　　　　　　　　　　　　　责任出版：唐敏志

ISBN 978-7-5517-1185-2　　　　　　　　　　　定　　价：37.00 元

《220kV 综合自动化变电站仿真培训系统继电保护实训指导书》编委会

前言

为了大力实施"人才强企"战略，加快培养高素质技能人才队伍，改进生产技能人员的培训模式，推进培训工作由理论型灌输向能力培养转型，提高培训的针对性和有效性，全面提升员工素质，保证电网安全稳定运行；同时，更好地指导国网辽宁省电力有限公司变电站内继电保护的运行维护和调试检修工作，在提高继电保护专业人员业务水平的同时，使继电保护专业工作有章可循、作业规避安全风险和过程控制规范化，保证全过程作业的安全和质量，根据国网公司对变电站继电保护的运行维护经验和生产厂家对设备的调试要求，编写了《220kV综合自动化变电站仿真培训系统继电保护实训指导书》，意在规范综合自动化变电站的运行维护及检修工作。

本实训指导书依据《国家电网公司生产技能人员职业能力培训规范》，重点介绍了仿真系统的使用、仿真系统各个模块的功能所开展的变电站继电保护培训项目、单体保护装置标准化作业调试以及二次回路异常处理等内容，仿真系统与标准化作业指导书的结合使得培训工作的开展更具灵活性和针对性。

由于编写时间仓促，本书难免存在疏漏之处，恳请相关专业人员和读者提出宝贵意见，使之不断完善。

编　者
2015 年 11 月

目录

第一章 概述 ··· 1

　　一、系统总体结构 ··· 1

　　二、系统操作流程 ··· 2

　　三、实训室规模和配置 ··· 2

　　四、现场操作注意事项 ··· 5

第二章 仿真系统的使用 ··· 7

　第一节 启动与退出 ··· 7

　　一、硬件系统的启动与关闭 ····································· 7

　　二、人机系统的启动与退出 ····································· 8

　　三、仿真系统的启动与退出 ···································· 10

　第二节 教案模式操作 ·· 11

　　一、主控界面操作 ·· 11

　　二、故障设置 ·· 11

　　三、缺陷设置 ·· 12

　　四、遥控设置 ·· 14

　　五、事件序列操作 ·· 15

　第三节 培训模式操作 ·· 19

　　一、主控界面操作 ·· 21

　　二、监视与查询操作 ·· 23

　　三、事件序列操作 ·· 25

　　四、电网方式操作 ·· 25

　　五、遥控操作 ·· 25

　　六、其他设置 ·· 26

　　七、日志列表操作 ·· 27

　　八、曲线监视操作 ·· 27

第三章　二次回路缺陷设置 ·· 30

　　一、故障模拟装置的内部回路原理 ····························· 30

　　二、具体二次回路缺陷实现及现象说明 ······················· 30

　　三、附注 ··· 45

第四章　仿真系统培训 ·· 46

　第一节　仿真系统培训 ··· 46

　　一、教案模式下的操作 ·· 46

　　二、培训模式下的操作 ·· 49

　　三、实验结果分析 ·· 49

　第二节　二次回路缺陷设置及处理 ······························· 52

　　一、一次系统故障 ·· 53

　　二、二次回路缺陷 ·· 56

第五章　单体保护装置的调试 ·· 66

　　一、保护装置标准化调试 ·· 66

　　二、单一保护逻辑及特殊试验方法 ······························· 93

　　三、保护装置标准化调试联系 ·································· 112

第六章　二次回路故障排查 ·· 113

　　一、母差保护题目类型及故障点设置类型 ······················· 113

　　二、变压器保护题目类型及故障点设置类型 ····················· 119

　　三、线路保护题目类型及故障点设置类型 ······················· 125

　　附录1 ··· 134

　　附录2 ··· 158

　　附录3 ··· 184

　　附录4 ··· 207

　　附录5 ··· 225

第一章 概述

一、系统总体结构

继电保护及自动化实训系统（图1-1）是将实时电网仿真、实时仿真计算机平台、信号输入输出接口装置、真实的变电站二次设备、真实的直流系统、真实的监控系统、真实的二次回路、真实的调度自动化厂站端设备、变电站一次设备交互式三维场景、断路器与刀闸及操作机构模拟装置、二次回路故障模拟装置、教员系统、操作票与工作票系统有机结合合于一体的数字物理混合仿真系统，为继电保护专业、自动化专业、直流专业人员建立了综合培训平台，可以对上述专业人员从理论知识到专业技能进行全范围、全过程、全场景的仿真培训。

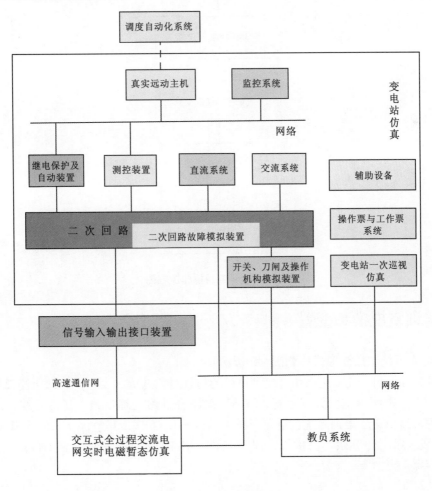

图1-1 实训系统简图

二、系统操作流程

实训系统操作流程图如图 1-2 所示。

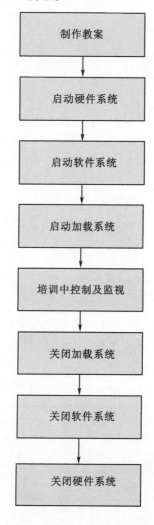

图 1-2 实训系统操作流程图

三、实训室规模和配置

1. 仿真系统主接线形式（如图 1-3 所示）

220kV 综合自动化变电站仿真培训系统的仿真对象选锦一变，高、低压侧都采用双母线接线形式，两台主变并列运行，220kV 线路分别由辽锦甲线、辽锦乙线、沈锦甲线、沈锦乙线供电。培训系统包括两个电压 220kV 和 66kV，其中含有 220kV 出线 4 条，66kV 出线 4 条（锦苏线、锦桃线、锦秀东线、锦秀西线）；主变压器 2 台；所用变 1台；电容器 1 台。

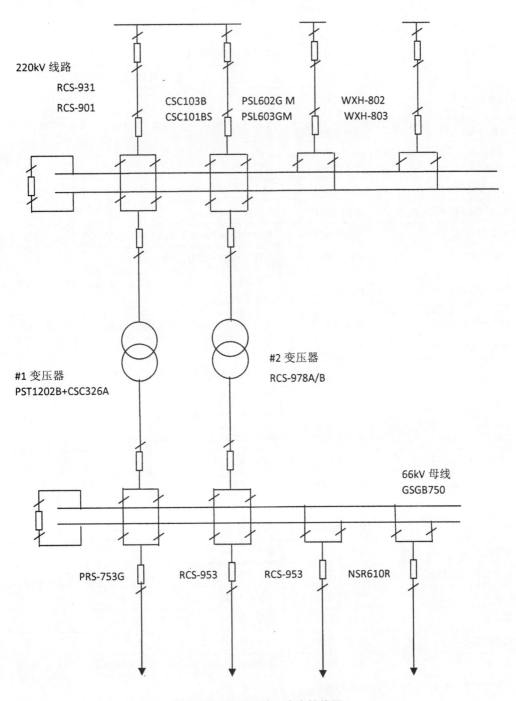

图1-3 实训系统一次主接线图

2. 仿真系统主接线形式保护配置

仿真系统主接线形式保护配置如表 1-1 所示。

表 1-1　　　　　　　　　仿真系统主接线形式保护配置

设备名称	厂站	保护及操作箱型号
辽锦甲线保护一	锦州实验站	RCS－901AF
辽锦甲线保护二	锦州实验站	RCS－931AM＋CZX12R2（操作箱）＋RCS－923N（断路器保护）
辽锦乙线保护一	锦州实验站	CSC－101B
辽锦乙线保护二	锦州实验站	CSC103B＋JFZ－12F（操作箱）＋YQX－31J/JSQ－11J
沈锦甲线保护一	锦州实验站	PSL602GM－32Q
沈锦甲线保护二	锦州实验站	PSL603GM－34＋PSL631A＋FZX－12HP
沈锦乙线保护一	锦州实验站	WXH－802A＋ZYQ－812（压切）
沈锦乙线保护二	锦州实验站	WXH－803A＋WDLK－861A（断路器保护）＋ZFZ－812/A（操作箱）
1#主变保护 A	锦州实验站	PST1200＋PST－12（本体保护）＋FCX－12HP（操作箱）
1#主变保护 B	锦州实验站	CSC－326A＋JFZ－13T（操作箱）
2#主变保护 A	锦州实验站	RCS－978L2＋RCS－974（本体保护）＋CZX－12R2（操作箱）
2#主变保护 B	锦州实验站	RCS－978L2＋CJX（操作箱）
220kV 母联保护	锦州实验站	RCS－923A＋CZX－12R2（操作箱）
220kV 母线保护一	锦州实验站	BP－2B
220kV 母线保护二	锦州实验站	RCS－915AB
66kV 母联	锦州实验站	RCS－9616C
电容器	锦州实验站	RCS－9631C
所用变	锦州实验站	RCS－9621C
锦秀东线、锦秀西线	锦州实验站	RCS－953A
锦苏线	锦州实验站	PRS－753G
锦桃线	锦州实验站	NSR－616R
低周减载	锦州实验站	RCS－994A
备自投	锦州实验站	RCS－9651C＋RCS－9616C＋RCS－9751C
对侧辽锦甲线保护一	锦州实验站	RCS－901BF
对侧辽锦甲线保护二	锦州实验站	RCS－931AM＋CZX12R2（操作箱）＋RCS－923N（断路器保护）
对侧辽锦乙线保护一	锦州实验站	CSC－101B
对侧辽锦乙线保护二	锦州实验站	CSC103B＋JFZ－12F（操作箱）＋YQX－31J/JSQ－11J
对侧沈锦甲线保护一	锦州实验站	PSL602GM－32Q

续表 1-1

设备名称	厂站	保护及操作箱型号
对侧沈锦甲线保护二	锦州实验站	PSL603GM－34＋PSL631A＋FZX－12HP
对侧沈锦乙线保护一	锦州实验站	WXH－802A＋ZYQ－812（压切）
对侧沈锦乙线保护二	锦州实验站	WXH－803A＋WDLK－861A（断路器保护）＋ZFZ－812/A（操作箱）

四、现场操作注意事项

1. 断路器操作注意事项

教员在设置断路器拒合闸或拒跳闸缺陷后，在本缺陷消除前，禁止学员和教员进行任何该断路器的操作，否则，可能引起断路器模拟装置的损坏；

禁止学员在断路器模拟装置，按下"Reset"键，学员及教员尽量在监控系统、测控装置进行断路器的操作；禁止学员到模拟屏后操作交流电源开关。

2. 刀闸操作注意事项

禁止学员在刀闸模拟装置，按下"Reset"键；禁止学员到模拟屏后操作交流电源开关。

3. 仿真功率放大器注意事项

长期不工作时应切断前面板的电源开关。启动完毕后，如果存在某一台放大器正常运行绿灯不亮，请首先点击教员系统"暂停培训"按钮，然后检查放大器屏后的智能电源开关。如图 1-4 所示，其开关正常情况下应处于合位，否则，重新合上开关即可。

功率放大器有过热保护，如热保护动作时，通道保护灯亮红灯，此时教员在相应放大器前面板关闭电源开关，同时在教员系统软件点击"暂停培训"按钮，断电源 30s 后，重新合上电源开关，通道应能够恢复正常。

如果故障灯常亮，应关机，电流放大器应检查输出线路是否开路，电压放大器应检查输出线路是否短路，在确认无开路或短路现象时，再开机试验。如出现无法排除故障的情况，非专业人员请不要开箱，以免触电，请联系专业技术人员。

4. 二次回路缺陷设置注意事项

请不要设置直流系统正、负两点同时接地，否则，会引起保护设备或者直流馈电屏的空气开关跳闸，教员系统已对直流系统正、负两点同时接地缺陷进行闭锁，并给出提示信息，用户需要立即消缺已设置直流系统接地缺陷，再执行下一个直流系统接地缺陷。

教员在设置的断路器拒合闸或拒跳闸缺陷后，应严格遵守断路器操作的注意事项。当教员设置该缺陷后，教员系统在监视与查询界面中滚动给出告警信息，提示教员在设置该缺陷后，在进行本开关的手动操作前，消除此缺陷，教员应按照提示信息去做。

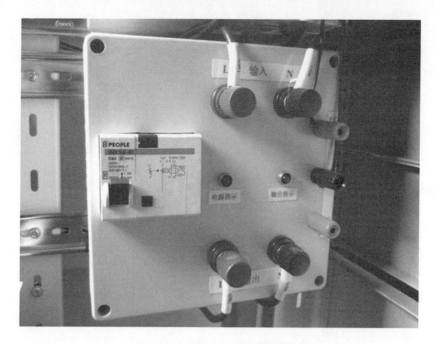

图 1-4 信号放大器屏后接线图

第二章 仿真系统的使用

第一节 启动与退出

一、硬件系统的启动与关闭

1. 硬件系统的启动

序号	启动任务	操作方法
1	启动二次设备	在直流 220#1 分电屏和直流 220#2 分电屏上分别合上 1#和 2#母线开关；合上二次设备屏后的开关（通常处于合位，此步可忽略）
2	启动各间隔模拟柜	合上模拟柜屏后的开关（通常处于合位，此步可忽略）；在 220kV 仿真站开关模拟柜屏后分别合上"东组"和"西组"开关
3	启动各仿真服务器及信号放大柜	在 S3 电源箱的左下侧，合上 1，2，3 号放大器柜总开关；合上信号放大柜屏后的开关（通常处于合位，此步可忽略）；在教员系统主界面上，点击"启动仿真服务器"按钮，服务器开始启动，教员系统会提示服务器的启动进度

2. 硬件系统的关闭

序号	关闭任务	操作方法
1	关闭各信号放大器柜电源	点击关闭硬件按钮（如图 2-8 所示），待指示灯由亮变灭后，表明仿真服务器已关闭；在 S3 电源箱的左下侧，拉开 1，2，3 号放大器柜总开关
2	关闭二次设备电源	在 直流 220#1 分电屏和直流 220#2 分电屏上分别拉开 1#和 2#母线开关
3	关闭仿真系统二次设备电源	根据需要在后台初始界面点击关闭系统选项中的关闭软件或关闭硬件
4	关闭各间隔模拟柜电源	在 220kV 开关模拟柜屏后分别拉开开关

二、人机系统的启动与退出

1. 人机系统的启动

点击 Windows 桌面教员系统的图标即可启动，如图 2-1 所示。

图 2-1　教员系统启动图标

教员系统正确启动后，如图 2-2 所示。

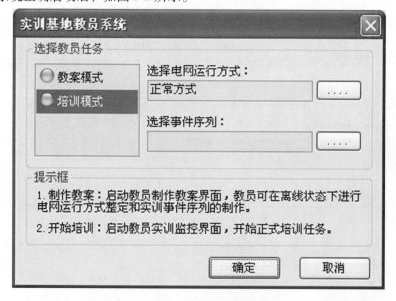

图 2-2　教员系统启动界面

选择模式：当选择教案模式时，进入教案模式界面，教员可以在离线状态下进行电网运行方式整定和事件序列的制作；当选择培训模式时，进入培训模式界面，开始正式的培训任务。

选择电网运行方式：可以选择已经存在的电网运行方式，默认为正常方式。

选择事件序列：可以选择已经存在的事件序列，也可以不选。如果选择已经存在的事件序列，启动系统时事件序列将按时间定时发送；如果不选，可以根据需要以后加载事件序列并发送。

　　当选择教案模式时，教员系统主界面如图2-3所示。

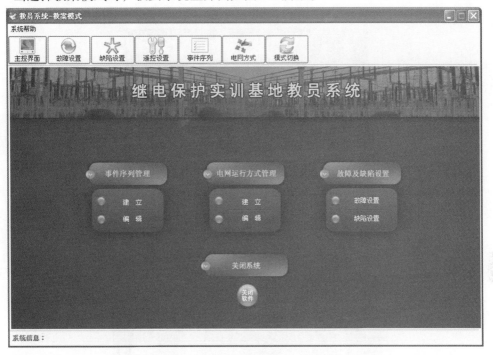

图2-3　教员系统教案模式主界面

　　当选择培训模式时，教员系统主界面如图2-4所示。

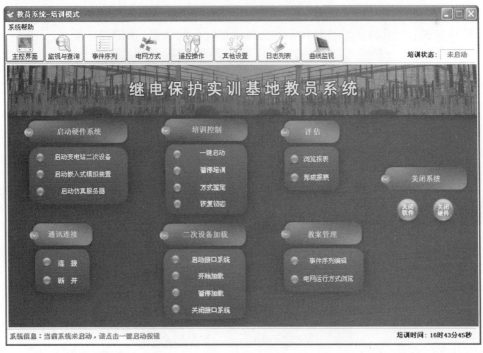

图2-4　教员系统培训模式主界面

2. 人机系统的退出

点击教员系统培训模式或者教案模式主界面的"关闭软件"按钮即可退出人机系统，如图 2-5 所示。

图 2-5　教员系统退出界面

三、仿真系统的启动与退出

1. 仿真系统的启动

在培训模式下，点击主界面上的"一键启动"按钮即可启动仿真系统，如图 2-6 所示。

图 2-6　教员系统一键启动界面

启动完成后，在教员系统的状态栏会显示可以开始培训，如图 2-7 所示。

图 2-7　教员系统信息提示界面

2. 仿真系统的退出

在培训模式下，点击主界面上的"关闭软件"按钮即可关闭仿真系统，点击"关闭硬件"按钮将关闭仿真服务器，如图 2-8 所示。

图 2-8　教员系统关闭系统界面

第二节　教案模式操作

当系统启动选择教案模式后，主界面如图 2-3 所示。

一、主控界面操作

它包括以下几个功能，事件序列管理功能等同于工具栏上的事件序列，电网运行方式管理功能等同于工具栏上的电网方式，故障及缺陷设置功能等同于工具栏上的故障设置和缺陷设置。当点击"关闭系统"按钮时，则退出程序。以上几个功能将在下面进行详细介绍。

二、故障设置

点击工具栏上"故障设置"按钮或点击主控界面上的"故障设置"按钮，屏幕如图 2-9 所示。

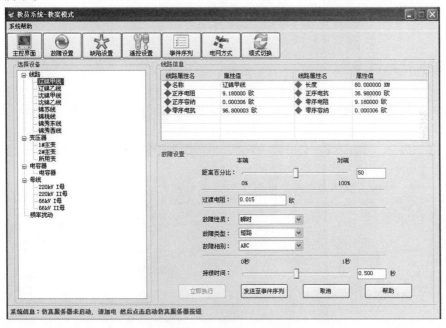

图 2-9　故障设置主界面

图 2-9 左边选择设备窗口列出了当前系统的主要设备，包括线路、变压器、电容器、母线、频率扰动，可以任意选择。在图 2-9 右边信息窗口可以看到当前选择设备的具体信息，但不能修改。当选择设备时，可以实时显示当前选择设备的具体信息。在图 2-9 右下边的故障设置窗口中可以组合参数设置任意故障。当参数设置好以后，点击"发送至事件序列"按钮，就会将当前设置的故障发送至事件序列窗口（图中立即执行按钮在此模式下不可用）。发送成功后点击工具栏上"事件序列"按钮可以看到刚才发

送的故障，如图 2-10 所示。

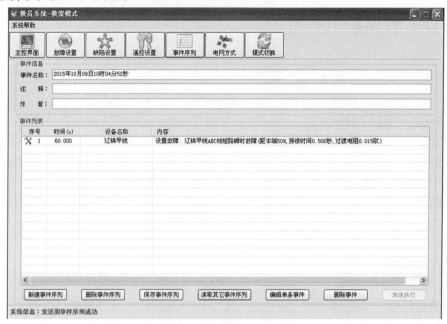

图 2-10　事件序列主界面

同样的，也可以选择其他设备发送到事件序列。

三、缺陷设置

点击工具栏上"缺陷设置"按钮或点击主控界面上的"缺陷设置"按钮，屏幕如图 2-11 所示。

图 2-11　缺陷设置主界面

图 2-12 左边窗口列出了当前系统的主要缺陷分类（按电压等级分类），可以任意选择。右边窗口会根据用户选择的缺陷类型列出具体的缺陷，如图 2-12 所示。

图 2-12　具体缺陷设置界面

这时在右边选择缺陷窗口选择一条具体的缺陷点击发送至事件序列按钮（图中立即执行按钮在此模式下不可用）。发送成功后点击工具栏上"事件序列"按钮可以看到刚才发送的缺陷，如图 2-13 所示。

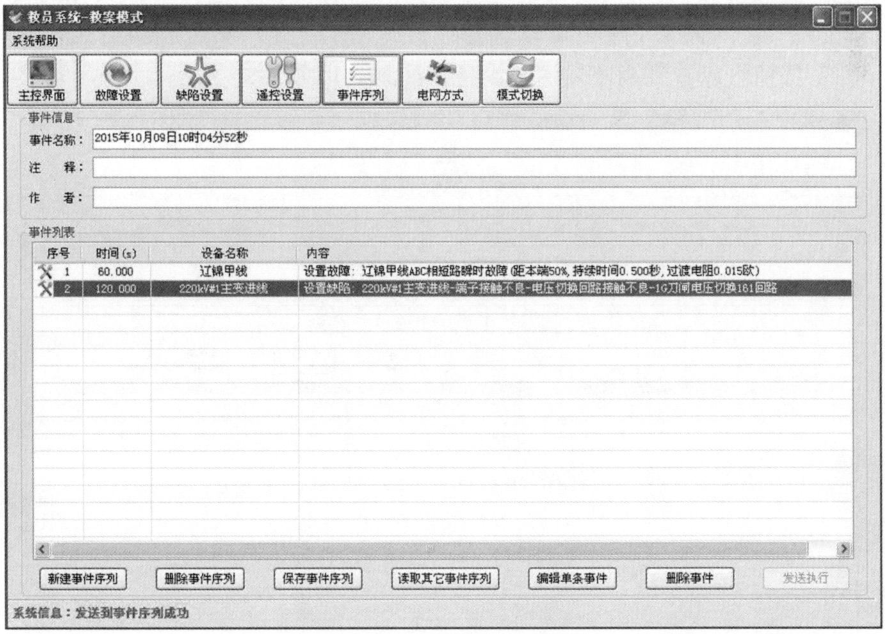

图 2-13　事件序列主界面

四、遥控设置

点击工具栏上"遥控设置"按钮，屏幕如图 2-14 所示。

图 2-14　遥控设置主界面

图 2-14 左边选择线路窗口列出了当前系统中的所有线路，可以任意选择。在图 2-14 右边根据左边选择的线路列出当前选择线路的所有设备。选择一条具体的设备点击"发送到事件序列"按钮（这里可以选择拉开或者合上），发送成功后点击工具栏上"事件序列"按钮可以看到刚才发送的设备，如图 2-15 所示。

图 2-15　事件序列主界面

五、事件序列操作

点击工具栏上"事件序列"按钮或点击主控界面上的事件序列管理（建立或编辑）按钮，屏幕如图 2-16 所示。

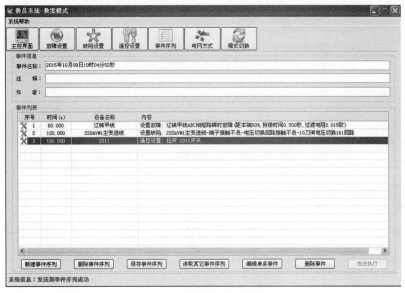

图 2-16　事件序列主界面

1. 新建事件序列操作

点击"新建事件序列"按钮，如果当前已经有事件，则屏幕如图 2-17 所示。

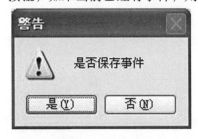

图 2-17　提示界面

点击"是"按钮，则保存当前事件；点击"否"按钮，则不保存当前事件。如果当前没有事件，则屏幕如 2-18 图所示。

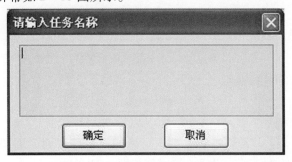

图 2-18　新建事件序列界面

输入事件序列名称，点击"确定"按钮，则屏幕如图 2-19 所示。

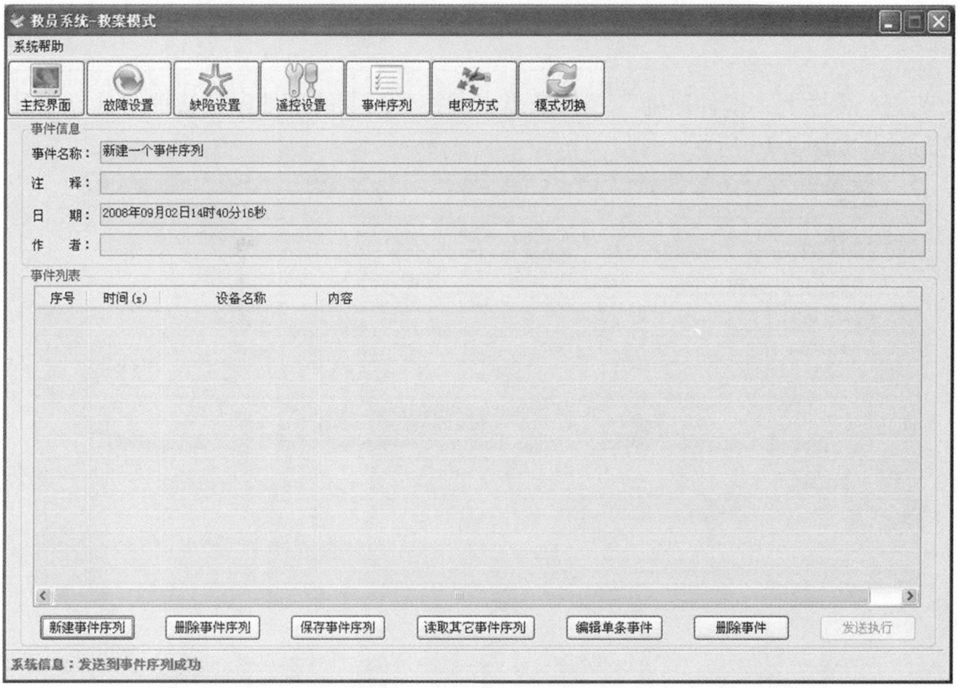

图 2-19　事件序列界面

这时就可以在故障设置界面、缺陷设置界面、遥控设置界面选择事件发送至事件序列。

2. 删除事件序列操作

点击"删除事件序列"按钮，则屏幕如图 2-20 所示。

图 2-20　删除事件序列界面

列表默认为按时间降序排列，选择其中一条事件序列，点击"删除"按钮，则删除选择的事件序列。

3. 保存事件序列操作

在点击"保存事件序列"按钮之前，可以修改事件序列名称，填写注释、时间和作者。点击"保存事件序列"按钮，则屏幕如图 2-21 所示。

图 2-21　保存提示界面

出现该提示，则说明事件序列保存成功。

4. 读取其他事件序列操作

点击"读取其他事件序列"按钮，如果当前已经有事件，则屏幕如图 2-22 所示。

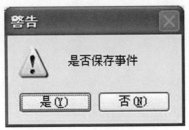

图 2-22　保存提示界面

点击"是"按钮，则保存当前事件；点击"否"按钮，则不保存当前事件，屏幕如图 2-23 所示。

图 2-23　选择事件序列界面

选择其中一个事件序列，点击"浏览"按钮，屏幕如图 2-24 所示。

点击"确定"按钮，则将选择的事件序列调入到事件序列列表中显示，如图 2-25 所示。

5. 编辑单条事件操作

在图 2-25 列表中，选择任意一条事件双击或者编辑单条事件，则屏幕如图 2-26 所示。

这里可以修改当前选择事件的时间，以秒为单位。输入时间后点击"确定"按钮，

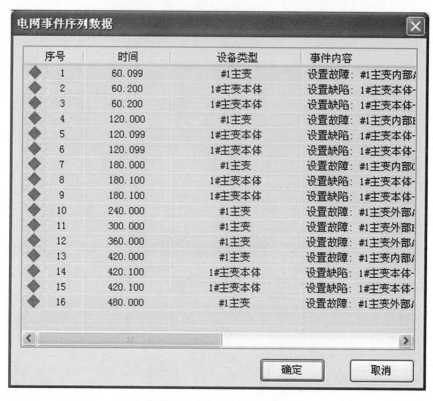

图 2-24　浏览事件序列界面

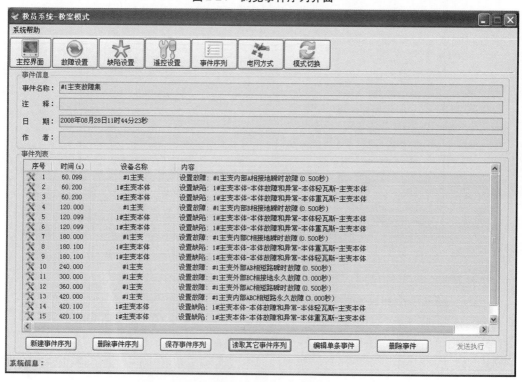

图 2-25　事件序列界面

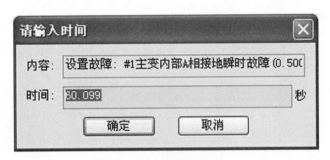

图 2-26 编辑事件界面

则完成事件时间的修改。

6. 删除事件操作

在事件列表中可以选择一条或者多条事件点击"删除事件"按钮，如图 2-27 所示。

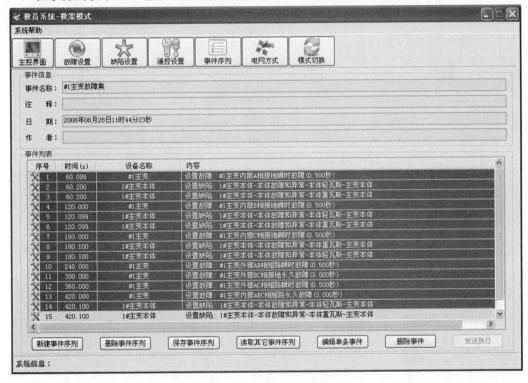

图 2-27 事件序列界面

删除选中事件后（可以按"Ctrl"键进行选择，也可以按"Shift"键选择一段），屏幕如图 2-28 所示。

7. 发送执行操作

在教案模式下，发送执行按钮不可用。

第三节 培训模式操作

当系统启动选择培训模式后，屏幕如图 2-29 所示。

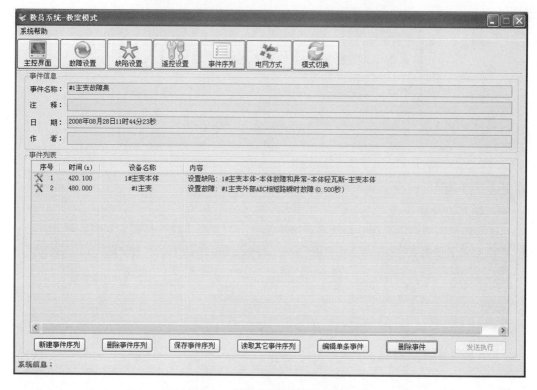

图 2-28　删除后的事件序列界面

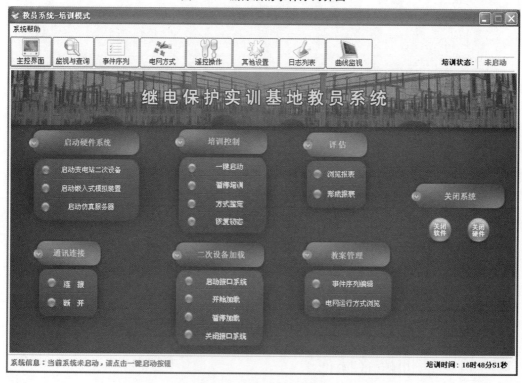

图 2-29　培训模式主界面

一、主控界面操作

1. 一键启动

当用户进入培训模式后，点击"一键启动"按钮，屏幕如图 2-30 所示。

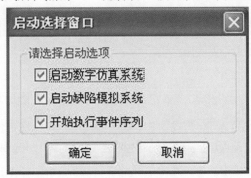

图 2-30 一键启动主界面

当点击"确定"按钮时，启动过程如下。

① 连接三维一次服务器。

② 当选择启动缺陷模拟系统时，发送清除所有缺陷命令。

③ 进行方式整定。

④ 当选择启动数字仿真系统时连接仿真服务器，进行等值电源等相关参数设置，并启动接口系统，等待 10s 后开始加载（注：如果弹出未连接成功信息，可能仿真服务器未启动完毕，请检查是否已按下服务器电源，若红灯已亮，请等待 1min 左右，再次选择"一键启动"按钮，直至连接成功）。

⑤ 当选择开始执行事件序列时，则将已加载的事件序列发送到监视与查询列表进行执行。

2. 暂停培训

暂停当前培训，包括暂停功率放大器的输出、暂停当前所有未执行事件。建议用户在超过 1h 不进行培训或无人值守时，选择"暂停培训"按钮，既有利于节能，也有利于设备的使用寿命。

3. 恢复初态

如果在培训过程中弹出"不收敛，请恢复初态"提示框，请点击"恢复初态"按钮，执行以下几项操作。

① 清除事件列表、监视与查询列表、日志列表。

② 如果曲线监视启动，则关闭清除曲线数据。

③ 清除所有缺陷等待 5s 后，重新进行初始方式整定。

④ 系统恢复至最初的状态，在弹出可以培训提示信息后，开始培训。

4. 方式整定

如果在培训过程中弹出"异常情况，请重新进行方式整定"提示框，请点击"方式整定"按钮，执行以下几项操作。

① 清除事件列表、监视与查询列表、日志列表。

② 如果曲线监视启动，则关闭清除曲线数据。

③ 清除所有缺陷等待 5s 后，重新进行初始方式整定。

④ 系统恢复至最初的状态，在弹出可以培训提示信息后，开始培训。

5. 浏览报表

点击"浏览报表"按钮，浏览当前所有已生成的报表，屏幕如图 2-31 所示。

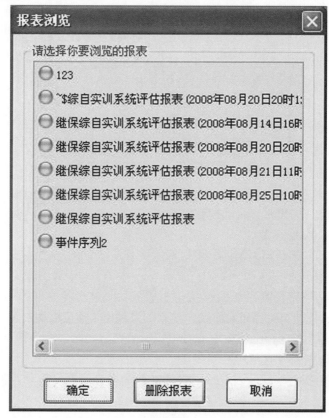

图 2-31　报表浏览界面

选择一个报表点击"确定"按钮，则打开报表，这里也有删除报表功能，同样选择一个报表点击"删除报表"按钮。

6. 形成报表

当培训结束后，可以点击"形成报表"按钮，生成本次培训报表（主要包括本次培训已发送的事件）。

7. 事件序列编辑

功能等同于工具栏上事件序列按钮。

8. 电网运行方式浏览

功能等同于工具栏上电网方式按钮。

9. 关闭硬件

关闭仿真程序，关闭仿真服务器。

关闭教员系统软件、电网仿真软件、功率放大器以及仿真服务器。如果选择此按钮，下次培训时，用户需要重新启动仿真服务器。建议用户在当天不准备再使用系统时，选择此按钮。

10. 关闭软件

关闭教员系统软件、电网仿真软件以及功率放大器，但仿真服务器仍然处于运行状态，下次培训时，可以直接选择"一键启动"按钮，开始培训。

11. 状态栏

状态栏功能如图 2-32 所示。

系统信息：当前系统未启动，请点击一键启动按钮　　　　　　　　　培训时间：21时27分51秒

图 2-32　状态栏界面

这里主要显示当前系统的状态以及已发送的事件和系统时间。

12. 信息栏

信息栏显示系统当前状态，如图 2-33 所示。

图 2-33　信息栏界面

当系统未启动时显示未启动，当系统正确启动后显示运行。

二、监视与查询操作

点击工具栏上"监视与查询"按钮，屏幕如图 2-34 所示。

图 2-34　监视与查询界面

1. 立即执行操作

选中一条事件，点击"立即执行"按钮，则事件立即执行。如果执行成功，则该事件变为绿色，屏幕如图2-35所示。

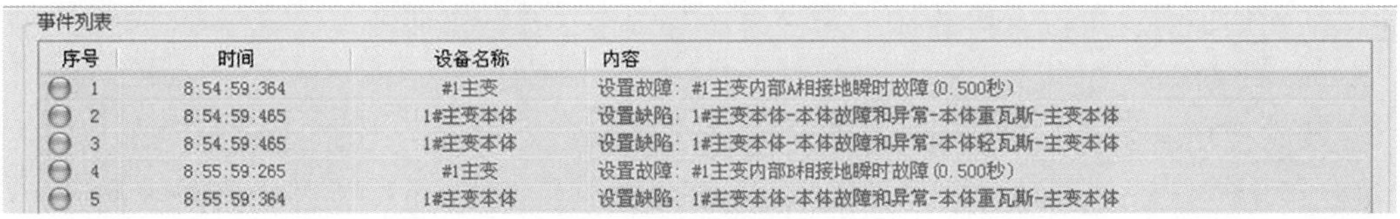

图 2-35　事件列表界面

2. 暂停执行操作

点击"暂停执行"按钮，则所有未执行的事件全部暂停执行，屏幕如图2-36所示。

图 2-36　监视与查询界面

3. 继续执行操作

点击"继续执行"按钮，则所有未执行事件继续执行。

4. 删除选中事件操作

选中要删除的事件（可以多选），点击"删除选中事件"按钮，则删除所有选中的事件。

5. 清除选中缺陷操作

选中已执行的缺陷设置（故障不能清除），点击"清除选中缺陷"按钮，则清除所有选中的缺陷。

6. 清除所有缺陷操作

点击"清除所有缺陷"按钮，将清除所有缺陷。

三、事件序列操作

点击工具栏上"事件序列"按钮或主界面上的"事件序列"按钮，屏幕如图 2-37 所示。

图 2-37　事件序列界面

这里的所有功能跟教案模式下一样，但发送执行按钮在培训模式下可用，点击"发送执行"按钮就可以将当前加载的事件序列发送到监视与查询窗口等待发送。当加载其他事件序列时，则清空原有事件序列。

四、电网方式操作

点击工具栏上"电网方式"或者主界面上"电网方式"按钮，屏幕如图 2-38 所示。这里的所有功能跟教案模式下一样，但只能浏览不能编辑。

五、遥控操作

点击工具栏上"遥控操作"按钮，屏幕如图 2-39 所示。

1. 设备遥控操作

选中指定的设备点击"分"或者"合"按钮，可以直接对该设备进行遥控操作，执行完成后当前列表会刷新以显示该设备的当前状态。

图 2-38　电网方式界面

图 2-39　遥控操作界面

2. 模拟误操作

这里可以进行误操作的模拟，点击"模拟误操作"按钮，则进行误操作的模拟；否则点击"不模拟误操作"按钮，则取消模拟误操作。

六、其他设置

点击工具栏上"其他设置"按钮，屏幕如图 2-40 所示。

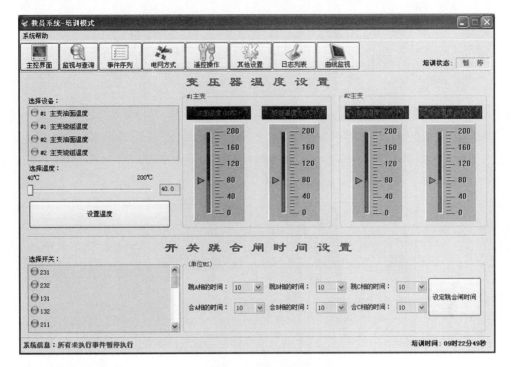

图 2-40　其他设置界面

这里主要包括变压器温度设置和开关跳合闸时间设置。

1. 变压器温度设置

在选择设备窗口选择要设置的温度，然后再拖动滑块选择温度，点击"设置温度"按钮就完成了变压器温度设置。

2. 开关跳合闸时间设置

首先选择开关，然后分别选择时间，将时间设定好以后，点击"设定跳合闸时间"按钮就可以了。

七、日志列表操作

点击工具栏上"日志列表"按钮，屏幕如图 2-41 所示。

当设置故障或者缺陷时，一些开关刀闸的分合信息将会在列表中显示出来，当信息很多时，可以点击"清除日志列表"按钮，清除所有日志。

八、曲线监视操作

点击工具栏上"曲线监视"按钮，屏幕如图 2-42 所示。

首先选择要监视的电流或电压（最多不超过 8 个），电流在上面曲线显示，电压在下面曲线显示，双击"选中设备"就可以将该设备选中，双击"已选中设备"列表可以取消选中。

然后点击"开始监视"按钮，就可以监视曲线数据的变化。

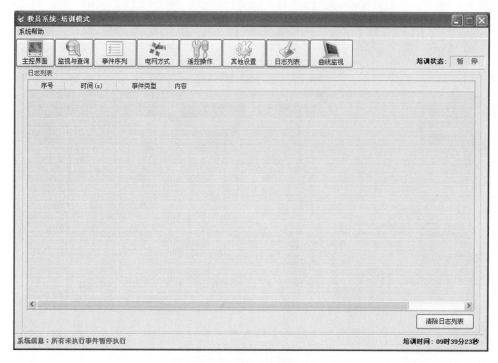

图 2-41　日志列表界面

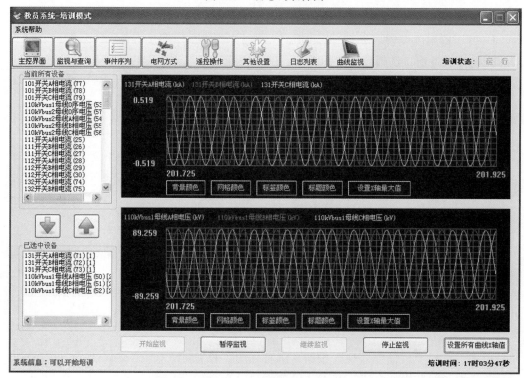

图 2-42　曲线监视界面

　　开始监视：点击"开始监视"按钮发送要监视的电流或电压到服务器，监视曲线数据的变化。

暂停监视：点击"暂停监视"按钮将暂停监视，这时曲线不动可以用鼠标拖动曲线来观察曲线的变化。

继续监视：点击"继续监视"按钮将继续监视曲线，这时曲线继续滚动显示。

停止监视：点击"停止监视"按钮将停止监视曲线。

设置所有曲线 X 轴值：点击该按钮时，屏幕如图 2-43 所示。

图 2-43　菜单界面

这里可以选择 X 轴之间的间隔，当选择完成后曲线会根据选择的间隔来动态变化。

其他功能：设置曲线的背景颜色、网格颜色、标签颜色、标题颜色等。

第三章　二次回路缺陷设置

一、故障模拟装置的内部回路原理

故障模拟装置的内部回路原理图如图 3-1 所示。

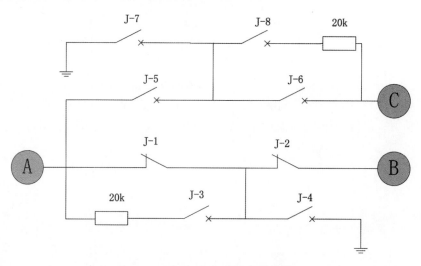

图 3-1　模拟故障装置内部回路原理图

图中 J−1，J−2，J−3，J−4，J−5，J−6，J−7，J−8 为一系列继电器的辅助接点。

二、具体二次回路缺陷实现及现象说明

1. 正常状态

以电压切换回路为例进行说明。

在图 3-2 电压切换回路图中，需要接刀闸辅助接点，分别为 1G 刀闸的常开、常闭，2G 刀闸的常开、常闭，对应的接入电压切换回路为 171，171'，173，173' 回路。

正常状态下，直接将刀闸模拟装置（4n）定义的 1G 的常开接点 A51，A52，常闭接点 B51，B52，2G 的常开接点 A39，A40，常闭接点 B39，B40，引线接入电压切换回路的对应接点。当需要设定二次回路缺陷时，如图 3-3 所示将电压型二次回路故障模拟装置（DSU−2001U）串联到回路中，图 3-3 中在 1G 常开回路里串接了 A8，B8，常闭回路里串接了 A2，B2，在 2G 常开回路里串接了 A21，B21，常闭回路里串接了 A14，B14。故障模拟装置的 C8，C2 接到 1G 回路的正公共端，C21，C14 接到 2G 回路的正公共端。

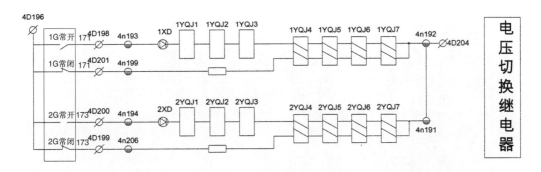

图 3-2　电压切换回路图

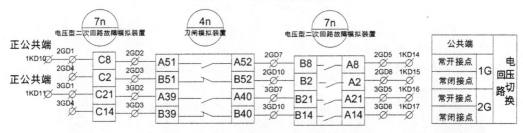

图 3-3　刀闸辅助接点及故障模拟装置接线图

在正常状态下，故障模拟装置里的 A，B 点是闭合的，即 J－1，J－2 接点是闭合的。此时故障模拟装置不影响正常的回路，整个回路是无缺陷回路。以锦秀东线 1G，2G 刀闸为例对照刀闸状态和保护现象进行理解，如图 3-4 所示。

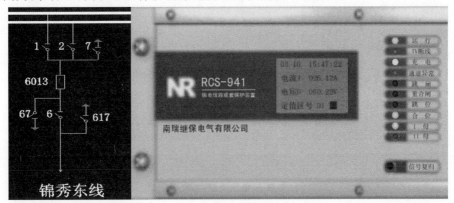

图 3-4　刀闸状态及对应的保护现象

2. 端子接触不良

对于现场的端子接触不良，故障模拟装置是以在回路中串接 $20k\Omega$ 电阻来模拟的。设定端子接触不良时，J－2，J－3 接点闭合，则在 AB 之间添加了 $20k\Omega$ 电阻。同样以电压切换回路进行说明。在 171 回路里设定端子接触不良，在 1G 刀闸闭合的情况下，则对应的保护屏上的 I 母灯变暗，如图 3-5 所示。

图 3-5　1G 刀闸常开回路端子接触不良

在 173 回路里设定端子接触不良，在 2G 刀闸闭合的情况下，则对应的保护屏上的 II 母灯变暗，如图 3-6 所示。

图 3-6　2G 刀闸常开回路端子接触不良

但是有的厂家的切换回路的接线稍有差别，则现象会稍微不同，如图 3-7 所示。

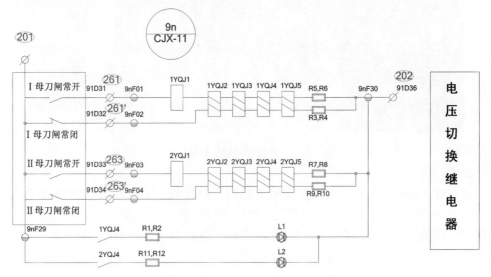

图 3-7　电压切换回路 2

由图 3-7 可以看出，I 母、II 母状态指示灯接在线圈的辅助接点所在的回路里，相当于跟切换回路不在一条回路，所以在此种类型的装置中，设定了端子接触不良，不会影响灯的状态。

3. 断线

当模拟现场断线的情况时，J-1，J-2 接点断开，即 AB 两点断开，对外表现为某条回路断线。下面分别对各种回路进行具体说明。

（1）跳合闸回路

图 3-8 跳合闸回路开关模拟装置与故障模拟装置接线

由图 3-8、图 3-9 可知，正常情况下，将开关模拟装置的合闸接点 HA1，HB1，HC1 接到操作机构的合闸接点 107A，107B，107C 处，操作机构就可以正常地进行合闸操作。如果在合闸回路里添加故障模拟装置，就可以模拟此回路中发生的各种缺陷。以 A 相合闸为例进行说明，在 A 相合闸回路里串接了 A11，B11 接点，正常时 AB 之间导通，当模拟现场断线时，AB 两点断开，则整个回路断开。当 A 相在分闸状态时，手合 A 相合不上（教员系统和模拟装置上的操作除外，它们的分合闸操作不经过操作回路）。其他 B，C 相同理。

分别将开关模拟装置的 TA1，TB1，TC1，TA2，TB2，TC2 接操作机构的两组跳闸回路。与合闸回路同理，将串接入跳闸回路的故障模拟装置的 AB 点断开，即可模拟断线故障。同样以 A 相为例，设定 A 相跳闸回路断线，当 A 相处于合闸状态时，则操作箱上显示第一组 A 相 OP 灯变，设置其他相缺陷时对应的 OP 灯灭，如图 3-11 所示。同理，第二组也是如此。

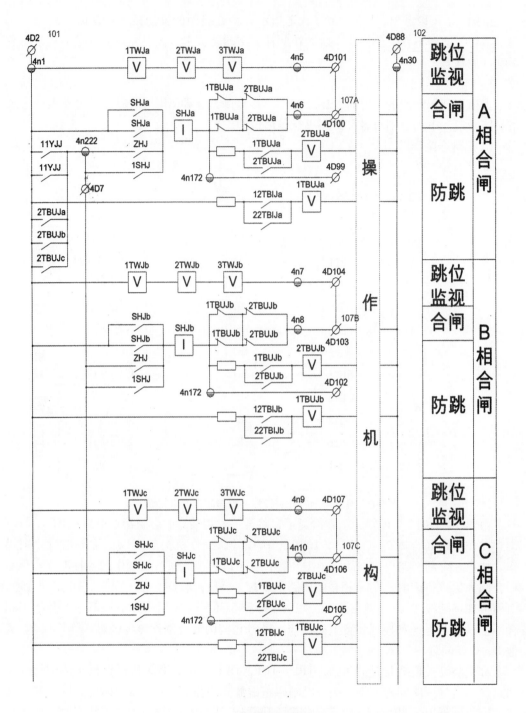

图 3-9　合闸回路原理图

　　如图 3-10 所示，两组 OP 灯都亮，即两组跳闸回路都是通的，可以正常跳闸。但是发生第一组三相断线时，则操作箱显示如图 3-12 所示。

　　也可以做具体某相的断线，哪一相断线，则相应的 OP 灯灭，结合上面的说明进行理解。

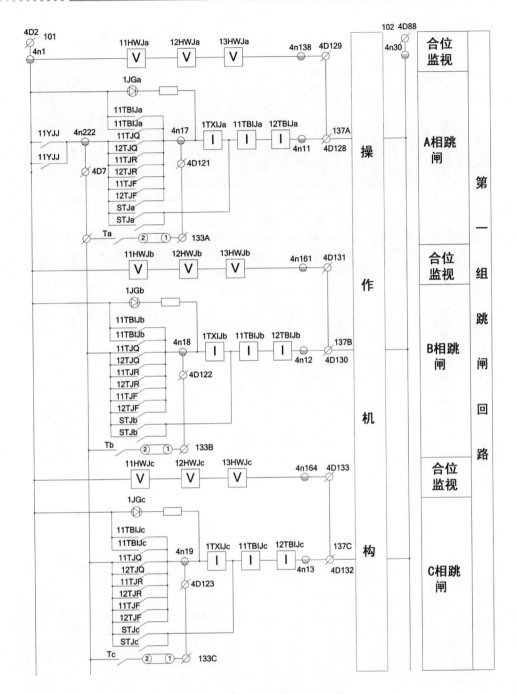

图 3-10 第一组跳闸回路原理图

（2）电压切换回路

在电压切换回路中设定断线缺陷，因为不同厂家的设计原理稍有差别，因此对应出线的现象也有所区别。

当 1G 刀闸的常开回路断线时，即 A8，B8 接点断开，在 1G 刀闸合闸状态下，相应的保护的 I 母灯灭，这对于前面的两种切换回路原理图的现象是一样的，现象如图 3-13 所示。

图 3-11　操作箱正常显示

图 3-12　第一组控制回路断线操作箱显示

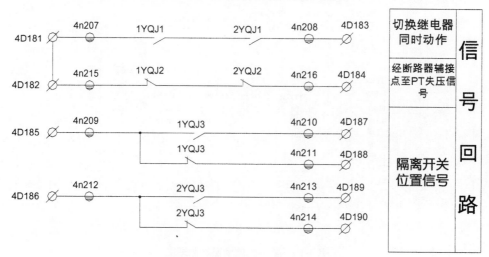

图 3-13　电压切换回路 1G 刀闸回路断线

同时切换回路里的辅助接点 1YQJ2 接点闭合，PT 失压信号回路接通，于是监控后台会报 PT 失压，如图 3-14 所示。

但有的厂家的接线原理如图 3-15 所示。

如果是图 3-15 所示装置，1G 刀闸所在的回路断线，但是因为此时 I 母常闭接点是断开的，线圈没有复归，所以相应的常闭辅助接点还是断开的，这时就不会报 PT 失压。

由图 3-17 可以看出，将刀闸模拟装置（接线如图 3-16 所示）的 1G，2G 的常开接点接入到母差保护的刀闸开关量输入回路的 71I，72I。以 1G 常开回路为例，设定此回路断线，则故障模拟装置的 A4，B4 点断开，母差保护上的现象为：

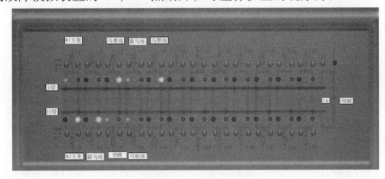

图 3-18 母差保护图 1

假如如图 3-18 所示，L1 显示的是 #1 主变的刀闸状态，如果设定 #1 主变进线 1G 刀闸断线，则现象如图 3-19 所示。

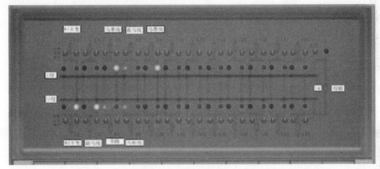

图 3-19 #1 主变 1G 刀闸断线情况下母差保护图

（4）信号回路（如图 3-20 所示）

开关的跳合闸信号需要接到测控屏，并在监控后台可以监视得到。当信号回路里添加故障模拟装置，则可以模拟信号回路里的二次回路缺陷。

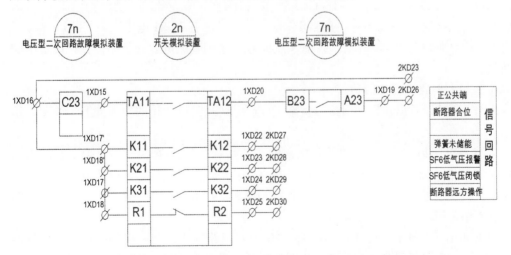

图 3-20 信号回路开关模拟装置和故障模拟装置接线图

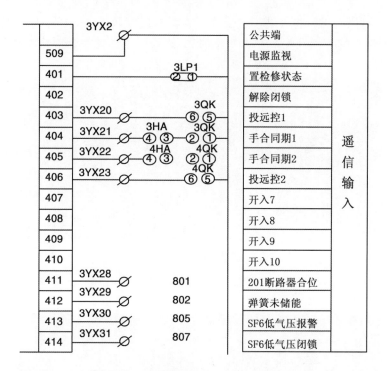

图 3-21　信号回路在测控装置上的部分接线

当设定断路器合闸信号回路断线时，则由测控到后台监控的遥信就断开了。此时后台监控就没位置。另外，在图 3-17、图 3-18 上还有开关缺陷信号，这里直接由开关模拟装置产生开关量信号，通过自定义模拟各种开关缺陷。如图 3-20 所示的弹簧未储能、SF6 低气压报警、SF6 低气压闭锁、断路器非全相等，可以在后台监控画面里进行定义并看到。

4. 接地

现场的直流接地等缺陷同样可以借助故障模拟装置实现。从图 3-2、图 3-13 中可以看到，有故障模拟装置中的 C 点或是 A 点接到了直流电源的正端或是负端，通过对这两点的设定，如图 3-1 所示，当 J-1，J-4 接点闭合时，A 点接地；当 J-6，J-7 接点闭合时，C 点接地；J-3，J-4 接点闭合时，A 点对地有 20kΩ 电阻；J-7，J-8 接点闭合时，C 点对地有 20kΩ 电阻。通过 A 点或 C 点接到直流电源的不同位置，设定不同的缺陷。

（1）控制回路直流正接地

由图 3-8 可以看出，控制回路的直流正负点引到开关机构箱的端子排上，如图 3-22 所示。

从图 3-22 可以看到 1GD1 是操作电源的正公共端，7n：C6 为故障模拟装置的第六组回路的 C 点，当设定 C6 的 J-6，J-7 接点闭合时，C 点接地，这里所做的缺陷就是直流正接地。现象为：直流绝缘监察装置会报警，同时显示接地电阻为 0。同样的，两组控制回路都可以依此进行缺陷设定。

对于如图 3-2 所示的电压切换回路，1G 刀闸回路的正公共端接到故障模拟装置的 C8，C2 点，2G 刀闸回路的正公共端接到故障模拟装置的 C14，C21 点，分别设定这几

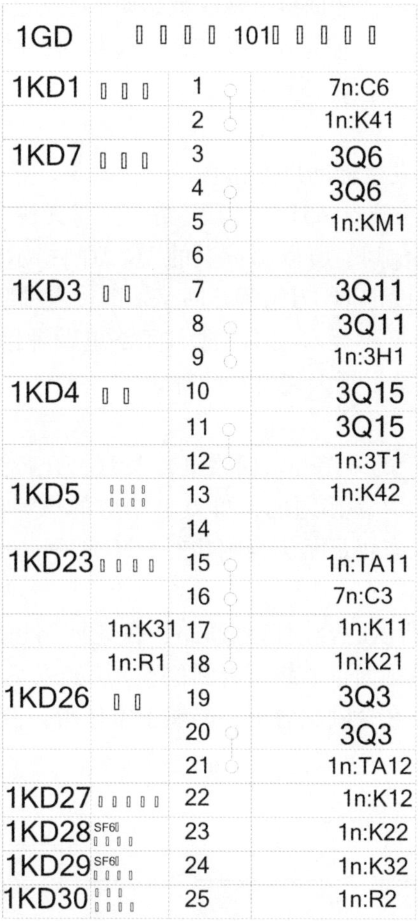

1GD		〇〇〇〇 101〇〇〇〇	
1KD1 〇〇〇		1	7n:C6
		2	1n:K41
1KD7 〇〇〇		3	3Q6
		4	3Q6
		5	1n:KM1
		6	
1KD3 〇〇		7	3Q11
		8	3Q11
		9	1n:3H1
1KD4 〇〇		10	3Q15
		11	3Q15
		12	1n:3T1
1KD5 〇〇〇〇		13	1n:K42
		14	
1KD23 〇〇〇〇		15	1n:TA11
		16	7n:C3
	1n:K31	17	1n:K11
	1n:R1	18	1n:K21
1KD26 〇〇		19	3Q3
		20	3Q3
		21	1n:TA12
1KD27 〇〇〇〇〇		22	1n:K12
1KD28 SF6〇		23	1n:K22
1KD29 SF6〇		24	1n:K32
1KD30 〇〇〇		25	1n:R2

图 3-22 部分端子排图

个点的接地，就可以模拟现场的电压切换回路的直流正接地。同样的，直流绝缘监察装置会报警，接地电阻值为 0。

（2）控制回路直流负接地

同理，直流正接地，在图 3-8 上可以看到有负公共端，以负公共端一为例进行说明。此时负公共端的 A6 接到直流电源的负端，即图 3-9 上显示的 102 处，所以此时设定 A 点接地，即模拟了现场的控制回路的直流负接地。

（3）直流正对地绝缘不良

对于上述的直流正接地，如果接地电阻不为 0，则表现为对地绝缘不良。如之前描述的，J–3，J–4 接点闭合，A 点对地有 20kΩ 电阻；J–7，J–8 接点闭合，C 点对地有 20kΩ 电阻，这样在设定接地的地方同样可以设定对地绝缘不良。在控制回路和电压切换回路里都可以进行设定，具体现象为：直流绝缘监察装置会报警，接地电阻值为 20kΩ。

（4）直流负对地绝缘不良

同理，直流正对地绝缘不良。

5. 辅助接点粘联

在图 3-1 所示的原理图中，辅助接点粘联就是使 AC 点接通，即 J－5，J－6 接点闭合。当回路里的某个接点断开，但是对外仍表现为连接时，就发生了辅助接点粘联，需要查看该接点两侧是否有线短接将该接点短路。

（1）电压切换回路

如果 1G 刀闸常开回路发生辅助接点粘联，即在图 3-2 所示的连接原理图中，A8 与 C8 连接，从而将刀闸的常开接点 A51，A52 短路，此时无论 A51，A52 处于何种状态，对外都表现为 1G 刀闸始终合闸，所以保护上的 1G 刀闸指示灯始终是亮的。但是如果初始状态 1G 在分闸状态，设定 1G 刀闸常开回路辅助接点粘联，当 1G 刀闸合闸时，则保护上的 1G 刀闸状态指示灯不亮。在 1G 常闭回路里做辅助接点粘联没有大的意义。同理，在 2G 刀闸上做，现象根据上述自行理解。

（2）母差开入回路

在图 3-16、图 3-17 所示的母差开入回路里，以 1G 刀闸常开回路为例，设定此回路辅助接点粘联，则此回路始终是接通的，母差上相应的该刀闸的状态指示灯始终是亮的，即使该刀闸分闸，其状态仍显示为合闸状态。2G 刀闸同理。

（3）信号回路

对于图 3-20、图 3-21 所示的合闸信号回路，在此回路里设定辅助接点粘联，即使是处于分闸状态，后台监控画面也始终是合闸位置。（如果是将合闸和跳闸位置都引到后台监控，设定此缺陷后，在合闸状态下，能够正常显示，但是在分闸状态下，后台监控画面就没有了位置。）

6. 错线

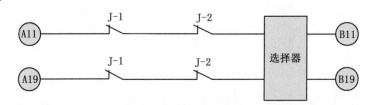

图 3-23　回路交叉原理说明图

图 3-1 所示的是正常状态下一个回路的原理图，在回路之间还有其他的联系，如图 3-23 所示。通过一个选择器，正常状态下保证 A11，B11 和 A19，B19 正常连接，当设定两回路交叉即错线缺陷时，则 A11 与 B19 连接、A19 与 B11 连接，从而实现了回路的错线缺陷。

（1）开关错线

以合闸的 A，B 相回路为例，如上所述，在第 11 路和 19 路回路之间进行了交叉，则 A，B 相回路发生了错线。在开关合闸状态下，通过教员系统设置偷跳 B 相，在保护装置的开入液晶显示上，会发现 A 相的跳位置 1，而 B 相的跳位置 0，同时保护上 A 相跳闸位置灯亮，而 B 相跳闸位置灯不亮，通过此发现 AB 相发生了错线，如图 3-25 所示。

对于第一组跳闸回路，同样以 AB 相为例，当 AB 相的跳闸回路错线时，同样偷跳 B 相，则 B 相跳位灯亮，但是由于跳闸回路里 AB 相错线，则 B 相的跳闸回路相当于接到了 A 相的跳闸回路上，而 A 相的跳闸回路是通的，所以第一组的 B 相合位灯是亮的，而 A 相的合位灯是灭的，如图 3-26 所示。

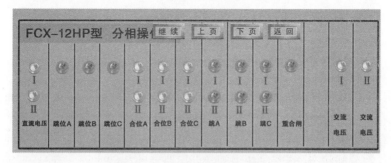

图 3-24　合闸状态下操作箱显示

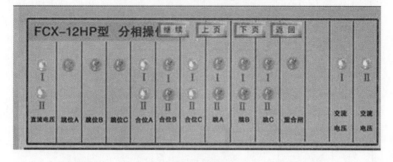

图 3-25　AB 相合闸回路错线状态下的操作箱显示

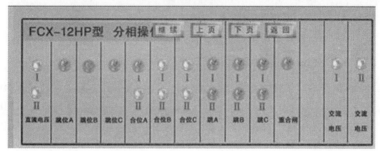

图 3-26　AB 相第一组跳闸回路错线状态下的操作箱显示

同理，根据上述分析可以推断出其他相之间的错线所出现的现象。

（2）刀闸错线

在电压切换回路里，如果 1G 的常开回路与 2G 刀闸的常开回路发生了错线，则当 1G 刀闸在合闸位置时，保护上显示的刀闸状态是 2G 刀闸合闸。同理，2G 刀闸合闸时保护上显示的是 1G 刀闸合闸。

在母差开入回路里，同样的错线情况，出现的现象是一样的，可以根据上述进行分析。

7. TA 回路缺陷

有关电流回路缺陷，其原理同图 3-23。

（1）TA 错相

由图 3-27 可知，教学现场将各种保护串进了整个电流回路中，而在每个需要设置缺陷的装置前的回路里串入了故障模拟装置的接点，通过设置接点的连接情况设定不同的缺陷。

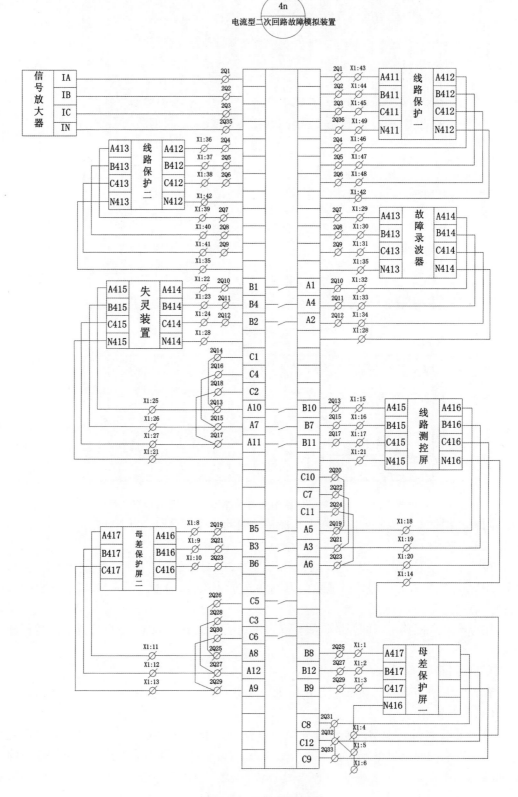

图 3-27　电流串联回路

当设定某两条回路发生错相时，假如引到线路测控屏的 CT 接线存在错相，则测控屏上采集的模拟量可以看到 AB 相数值进行了交换，B 相的相位超前 A 相位 120°。同理，其他的电流回路也可以设定，并通过保护屏对模拟量的采集判断存在的缺陷。

（2）TA 断线

对于电流回路里的 TA 断线缺陷，设定某个回路的某相断线，则该回路的装置将采集不到对应的模拟量，但是仿真装置的接线是电流回路整体串接的，所以这里设定断线时，故障模拟装置的 AB 两点断开，相应的 AC 两点闭合，比如图 3-27 所示 A415 回路，设定此回路断线，则 A10 与 B10 断开、A10 与 C10 连接，从而在线路测控屏里采集不到 A 相的模拟量值，但是对于后面的回路不产生影响。

三、附注

通过二次回路故障模拟装置（电压型 DSU－2001U 和电流型 DSU－2001I）设置二次回路缺陷，结合混合仿真教学系统进行教学培训，可以在很大程度上提高运行维护人员的技术水平，是电力培训系统强有力的教学工具。

对于具体的缺陷设置，还需要结合现场的具体接线。上述情况都是较为普遍的缺陷设置及相关情况说明，用户可以根据上述原理及各种情况进行分析。

第四章　仿真系统培训

第一节　仿真系统培训

　　点击图 4-1 所示的教员系统快捷方式，启动仿真培训软件，仿真培训软件启动后，将提示模式选择，如图 4-2 所示。当选择教案模式时进入教案模式界面，培训教师可以在不启动仿真服务器的情况下进行电网运行方式整定和故障、缺陷等培训案例制作，对制作的案例进行编辑、命名，以便培训过程中的应用。当选择培训模式时进入培训模式界面，开始正式的培训任务，可以根据培训需要调用并执行在教案模式下设置的案例。

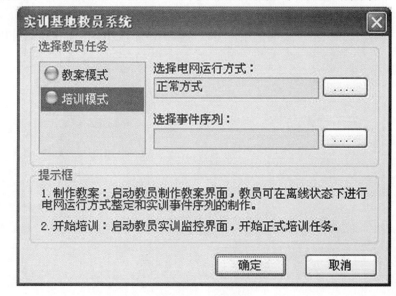

图 4-1　启动连接　　　　　　　　　　图 4-2　模式选择

一、教案模式下的操作

　　当系统启动选择教案模式后，主界面如图 4-3 所示。

　　它包括以下功能，事件序列管理功能等同于工具栏上的事件序列，是对教案模式下设置好的故障进行存储，以便调用的模块；电网运行方式管理功能等同于工具栏上的电网方式，是对培训过程中所需运行方式进行设定的模块；故障及缺陷设置功能等同于工具栏上的故障设置和缺陷设置，是在既定的运行方式下，对仿真服务器输出潮流进行更改，对二次回路接线进行通、断设定的模块；当点击"关闭系统"按钮时，则退出程

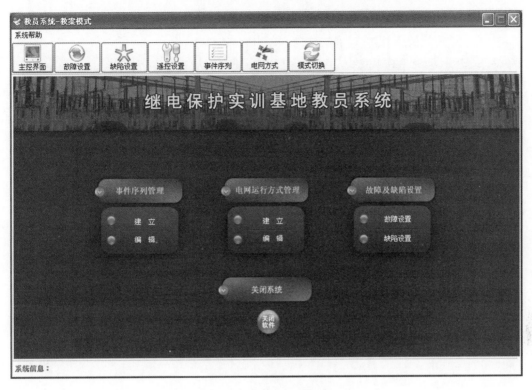

图 4-3　教案模式主界面

序。

1. 故障设置

进入故障设置模块，如图 4-4 所示，选择设备窗口列出了当前系统的主要设备，包括线路、变压器、电容器、母线、频率扰动，可以任意选择。在图 4-4 右边信息窗口可以看到当前选择设备的具体信息，但不能修改。当选择设备时，可以实时显示当前选择设备的具体信息。在图 4-4 右下边的故障设置窗口中可以组合参数设置任意故障。

设置 220kV 辽锦甲线线路距出口 15% 处 A 相瞬时性接地故障，故障持续时间 0.1s。故障设置完成后，点击"发送至事件序列"按钮，如图 4-4 所示。

2. 缺陷设置

点击工具栏上"缺陷设置"按钮或者点击主控界面上的"缺陷设置"按钮，如图 4-5 所示，按照电压等级分类，可以选择不同间隔的线路以及元件设置缺陷。

根据试验流程需要选择故障设置的对应间隔 220kV 辽锦甲线间隔，其中可以设置的内容包括：端子接触不良、断线、接地、辅助接点粘联、错线、TA 缺陷、2011 开关缺陷信号、2011 开关缺陷。为了现象更直观，对 220kV 辽锦甲线 2011 开关 A 相回路设置断线异常后，点击"发送至事件序列"按钮，如图 4-5 所示。

3. 保存事件

对设置完成的事件序列进行保存，教案设置完成，切换到培训模式。

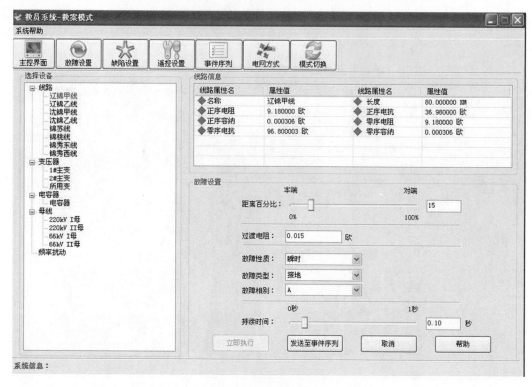

图 4-4　故障设置

图 4-5　缺陷设置

二、培训模式下的操作

当系统启动选择培训模式后，屏幕如图4-6所示。

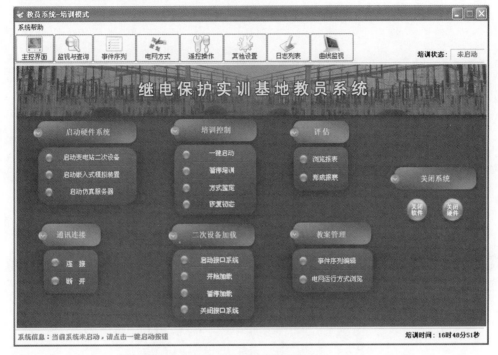

图4-6　培训模式主界面

在实操培训过程中可以调用之前设置的教案，通过系统仿真演示指导学员分析缺陷并排除。培训开始前要启动仿真服务器，当功率放大器屏中所有信号灯都为绿色时，表示潮流输出正常；同时在潮流正常的情况下，实训室所有保护、监控系统反应正常，所有的保护及测控都有电流输入、没有TV断线报警信号，这是系统启动正常。

实训室内部装有模拟断路器作为一次设备的断路器，通过二次保护设备的控制实现对开关信号的现场反映，在数字物理混合仿真系统开启以后，模拟断路器的开关、刀闸位置自行根据整个实训室的接线方式显示中的位置进行调整。

在监视与查询模块下，调用并执行在教案模式下设置好的事件，如图4-7所示。

三、实验结果分析

上述案例：220kV辽锦甲线线路距出口15%处A相瞬时性接地故障，故障持续时间0.1s。

1. 装置的反应

保护装置的动作情况：14ms电流差动保护动作，26ms距离I段动作，1114ms重合闸动作，保护动作正确，面板显示如图4-8所示，动作报告如图4-9所示。

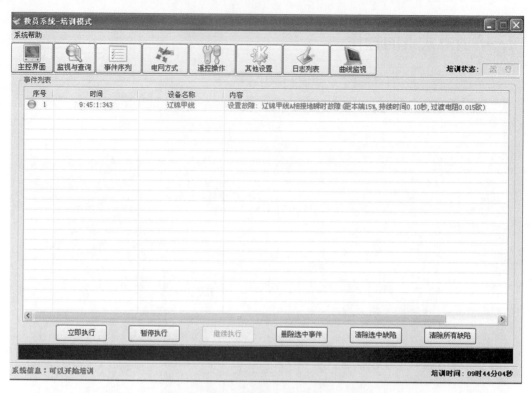

图 4-7　监视与查询界面

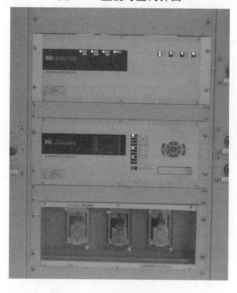

图 4-8　保护装置面板显示

　　模拟断路器变化情况：220kV 辽锦甲线 2011 开关 A 相跳开后没有重合成功，在开位如图 4-10 所示。

　　2. 故障分析

　　保护装置反应正常，断路器在保护动作后跳开，而重合闸启动没有做出相应动作，因此问题锁定在合闸回路上，让学员利用仪器仪表找出设置异常的具体位置。

厂站名:辽锦甲   线路:2111甲   装置地址:050   管理序号:00025499   打印时间:89-07-19 16:32

动作序号	748	起动绝对时间	2089-07-19 16:16:01:995

序 号	动作相	动作相对时间	动 作 元 件
01	A	00008MS	工频变化量阻抗
02	A	00019MS	纵联变化量方向
03	A	00019MS	纵联零序方向
04	A	00025MS	距离Ⅰ段动作
05		01114MS	重合闸动作

故 障 测 距 结 果	0013.2 kM
故 障 相 别	A
故 障 相 电 流 值	004.98 A
故 障 零 序 电 流	004.98 A

起动时开入量状态

01	主保护	:	1	13	合闸压力降低	:	0
02	距离保护	:	1	14	发远跳	:	0
03	零序保护	:	1	15	发远传一	:	0
04	重合闸方式一	:	0	16	发远传二	:	0
05	重合闸方式二	:	1	17	收信	:	0
06	闭重三跳	:	0	18	收远跳	:	0
07	其他保护停信	:	0	19	收远传一	:	0
08	跳闸起动重合	:	0	20	收远传二	:	0
09	三跳起动重合	:	0	21	主保护压板S	:	1
10	A相跳闸位置	:	0	22	距离压板S	:	1
11	B相跳闸位置	:	0	23	零序压板S	:	1
12	C相跳闸位置	:	0	24	闭重三跳S	:	0

起动后变位报告

01	00010MS	收信 0->1	03	01113MS	收信 0->1
02	00215MS	收信 1->0	04	01177MS	收信 1->0

电压标度 U: 45V/格（瞬时值）   电流标度 I: 004.0A/格（瞬时值）   时间标度 T: 20mS/格

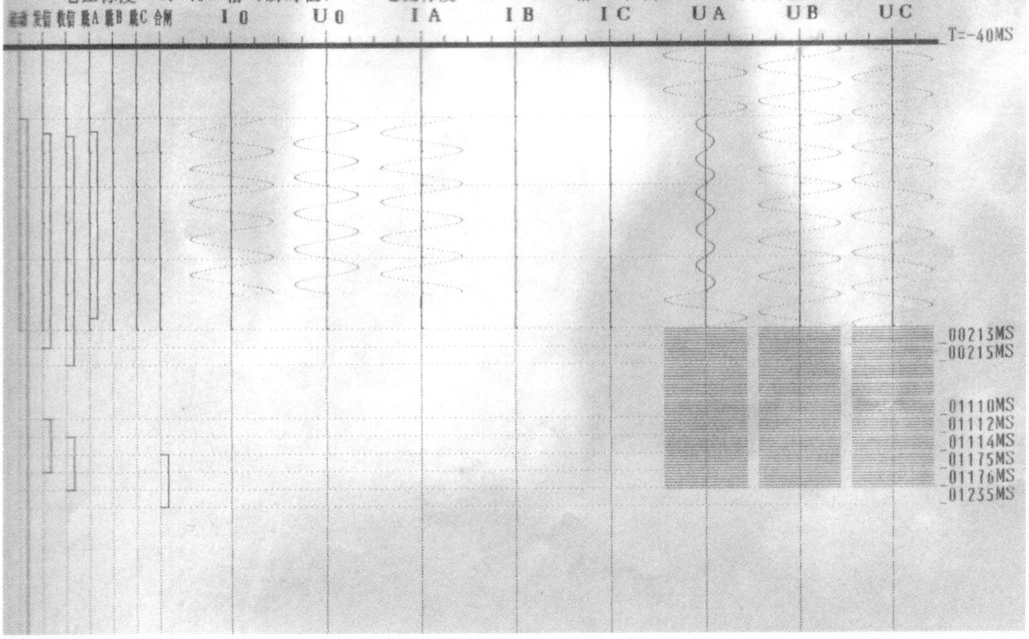

图4-9 保护动作报告

图 4-10　模拟断路器显示

　　上面只是仿真培训系统在培训中的一个简单实例，其实仿真培训系统可以在既定的运行方式下模拟任何类型的故障、设置不同的缺陷，达到对不同层次的学员进行继电保护专业培训的目的。

　　对于刚到继电保护专业岗位的新员工，利用仿真培训系统可以开展简单的故障设置培训，使新员工们更进一步地了解保护装置的动作过程，并通过故障时间的设定、故障类型的选择让新员工加深对保护之间的配合的理解。

　　对于从事继电保护专业多年的技术能手，利用仿真培训系统可以开展比较复杂的复合型故障培训，提高学员分析问题、处理问题的能力。

第二节　二次回路缺陷设置及处理

　　在设置一次系统故障的同时，通过仿真服务器在二次回路上设置缺陷的实验，可以在很大程度上提高学员分析、处理问题的能力。下面对仿真系统可能设置的二次回路缺陷及处理办法进行介绍。

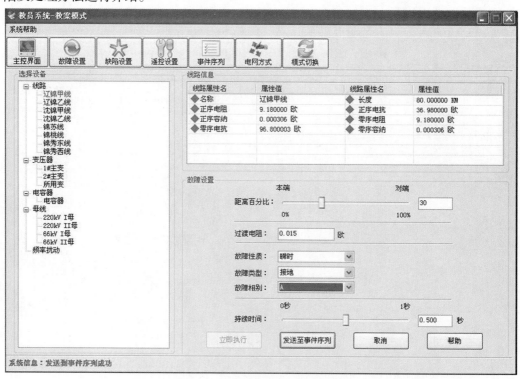

图 4-11　模拟 220kV 辽锦甲线路发生单相接地瞬时性故障示意图

一、一次系统故障

220kV 辽锦甲线第一套纵联保护（RCS－901AF）配置：纵联变化量方向保护、纵联零序方向保护、工频变化量距离保护、三段式接地距离保护、三段式相间距离保护、零序过流保护、TV 断线相间过电流保护、TV 断线零序过电流保护及自动重合闸装置。

220kV 辽锦甲线第二套纵联保护（RCS－931AM）配置：分相电流差动保护、零序电流差动保护、工频变化量距离保护、三段式接地距离保护、三段式相间距离保护、零序保护、TV 断线相间过电流保护、TV 断线零序过电流保护及自动重合闸装置。

如图 4-11 所示，当 220kV 辽锦甲线距离本侧出口 30% 处发生 A 相瞬时性故障时，220kV 辽锦甲线第一套纵联保护：7ms 工频变化量阻抗保护、14ms 纵联变化量方向保护、14ms 纵联零序方向保护、24ms 距离 I 段保护、1068ms 重合闸动作；第一套纵联保护装置上 A 相跳闸指示灯亮、重合闸指示灯亮，打印机打印故障报告。第二套纵联保护：13ms 电流差动保护、28ms 距离 I 段保护、1111ms 重合闸动作；第二套纵联保护装置上 A 相跳闸指示灯亮、重合闸指示灯亮，打印机打印故障报告。辽锦甲线操作箱上第一组跳闸 A 相灯亮，重合闸出口灯亮；第二组跳闸 A 相灯亮；三相合闸位置指示灯亮。辽锦甲线测控屏开关合闸位置指示红灯由亮变灭再变亮。辽锦甲线断路器跳 A 合 A。同时起动 220kV 故障录波器，故障录波器动作录波，打印出 220kV 辽锦甲线事故报告。母差保护显示保护起动信号，但不动作出口跳闸。

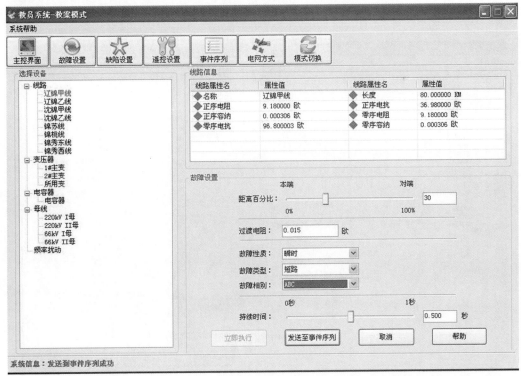

图 4-12　模拟 220kV 辽锦甲线线路发生三相瞬时性故障示意图

220kV 辽锦甲线重合闸方式：综重方式

如图 4-12 所示，当 220kV 辽锦甲线距离本侧出口 30% 处发生 ABC 三相瞬时性故障时，220kV 辽锦甲线第一套纵联保护：7ms 工频变化量阻抗保护、14ms 纵联变化量方向保护、14ms 纵联零序方向保护、24ms 距离 I 段保护、1068ms 重合闸动作；第一套纵联保护装置上 A，B，C 相跳闸指示灯亮、重合闸指示灯亮，打印机打印故障报告。第二套纵联保护：13ms 电流差动保护、28ms 距离 I 段保护、1111ms 重合闸动作；第二套纵联保护装置上 A，B，C 相跳闸指示灯亮、重合闸指示灯亮，打印机打印故障报告。辽锦甲线操作箱上第一组跳闸 A，B，C 相灯亮，重合闸出口灯亮；第二组跳闸 A，B，C相灯亮；三相合闸位置指示灯亮。辽锦甲线操作箱上第一组跳闸 A 相灯亮，重合闸出口灯亮；第二组跳闸 A 相灯亮；三相合闸位置指示灯亮。辽锦甲线测控屏开关合闸位置指示红灯由亮变灭再变亮。辽锦甲线断路器跳 A，B，C，合 A，B，C。同时起动 220kV 故障录波器，故障录波器动作录波，打印出 220kV 辽锦甲线事故报告。母差保护显示保护起动信号，但不动作出口跳闸。

220kV 辽锦甲线重合闸方式：综重方式

如图 4-13 所示，当 220kV 辽锦甲线距离本侧出口 30% 处发生 ABC 三相瞬时性故障时，220kV 辽锦甲线第一套纵联保护：7ms 工频变化量阻抗保护、14ms 纵联变化量方向保护、14ms 纵联零序方向保护、24ms 距离 I 段保护、1068ms 重合闸动作；第一套纵联保护装置上 A，B，C 相跳闸指示灯亮、重合闸指示灯亮，打印机打印故障报告。第二套纵联保护：13ms 电流差动保护、28ms 距离 I 段保护、1111ms 重合闸动作；第二套纵联保护装置上 A，B，C 相跳闸指示灯亮、重合闸指示灯亮，打印机打印故障报告。辽锦甲线操作箱上第一组跳闸 A，B，C 相灯亮，重合闸出口灯亮；第二组跳闸 A，B，C

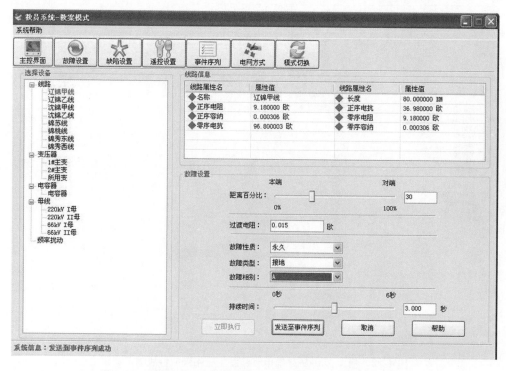

图 4-13　模拟 220kV 辽锦甲线路发生单相永久性故障示意图

相灯亮；三相合闸位置指示灯灭。辽锦甲线操作箱上第一组跳闸 ABC 相灯亮，重合闸出口灯亮；第二组跳闸 ABC 相灯亮；三相合闸位置指示灯灭。辽锦甲线测控屏开关合闸位置指示红灯由亮变灭再变亮再变灭。辽锦甲线断路器跳 A 合 A 再跳 ABC。同时起动 220kV 故障录波器，故障录波器动作录波，打印出 220kV 辽锦甲线事故报告。母差保护显示保护起动信号，但不动作出口跳闸。

220kV 辽锦甲线重合闸方式：综重方式

如图 4-14 所示，当 220kV 辽锦甲线距离本侧出口 30% 处发生 ABC 三相瞬时性故障时，220kV 辽锦甲线第一套纵联保护：7ms 工频变化量阻抗保护、14ms 纵联变化量方向保护、14ms 纵联零序方向保护、24ms 距离 I 段保护、1068ms 重合闸动作；第一套纵联保护装置上 A，B，C 相跳闸指示灯亮、重合闸指示灯亮，打印机打印故障报告。第二套纵联保护：13ms 电流差动保护、28ms 距离 I 段保护、1111ms 重合闸动作；第二套纵联保护装置上 A，B，C 相跳闸指示灯亮、重合闸指示灯亮，打印机打印故障报告。辽锦甲线操作箱上第一组跳闸 A，B，C 相灯亮，重合闸出口灯亮；第二组跳闸 A，B，C 相灯亮。辽锦甲线操作箱上第一组跳闸 ABC 相灯亮，重合闸出口灯亮；第二组跳闸 ABC 相灯亮；三相合闸位置指示灯由亮变灭再变亮再变灭。辽锦甲线测控屏开关合闸位置指示红灯由亮变灭再变亮再变灭。辽锦甲线断路器跳 ABC 合 ABC 再跳 ABC。同时起动 220kV 故障录波器，故障录波器动作录波，打印出 220kV 辽锦甲线事故报告。母差保护显示保护起动信号，但不动作出口跳闸。

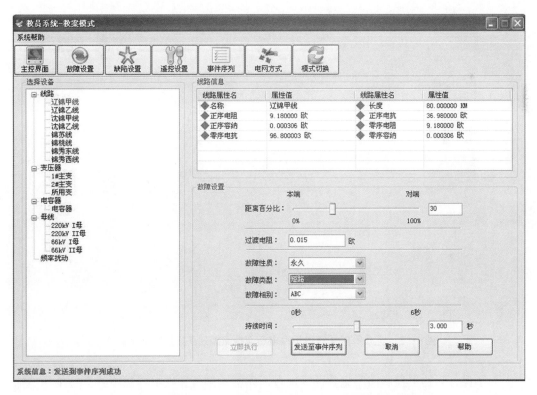

图 4-14　模拟 220kV 辽锦甲线路发生三相永久性故障示意图

二、二次回路缺陷

1. 端子接触不良

对于双母线系统上所连接的电气元件，为了保证其一次系统和二次系统在电压上保持对应，以免发生保护或自动装置误动、拒动，要求保护及自动装置的二次电压回路随同主接线一次运行方式同步进行切换。用隔离开关两个辅助触点并联后去启动电压切换中间继电器，利用其触点实现电压回路的自动切换。如 220kV 辽锦甲线 I 母 1G 刀闸电压切换回路接触不良，则辽锦甲线操作箱上刀闸指示灯 L1 灭，第一套纵联保护装置、第二套纵联保护装置报 TV 断线，发出告警信号。根据继电保护运行规程联系调度退主保护，距离保护、方向零序电流保护已经被闭锁，此时只剩下工频变化量距离保护、TV 断线相间过电流保护、TV 断线零序过电流保护作为线路的后备保护。由于 TV 断线相间过电流保护、TV 断线零序过电流保护、工频变化量距离保护要经过距离保护压板、零序电流保护压板出口跳闸，因此距离保护压板、零序电流保护压板不能退出。

如图 4-15 所示，如 220kV 辽锦甲线 II 母 2G 刀闸电压切换回路接触不良，则辽锦甲线操作箱上刀闸指示灯 L2 灭，第一套纵联保护装置、第二套纵联保护装置报 TV 断线，发出告警信号。

图 4-15　模拟 220kV 辽锦甲线电压切换回路端子接触不良示意图

2. 断线

为了保证断路器控制回路完整性，通过断路器跳闸位置继电器和断路器合闸位置来监视跳、合闸回路完整性。断路器在跳位时，合闸回路接通，合线 107 带负电，跳闸位

图4-16　模拟220kV辽锦甲线合闸回路断线示意图

置继电器励磁，辽锦甲线操作箱上两组合闸 A，B，C 相灯灭，此时重合闸放电，重合闸充电灯灭，测控屏开关跳闸位置指示绿灯亮。如图4-16 所示，辽锦甲线 2011 开关 A 相合闸回路107A 断线时，手合辽锦甲线 2011 开关，A 相开关合不上，经过 3～5s 延时，断路器非全相保护动作跳开 BC 相开关，造成手合开关失败。

图4-17　模拟220kV辽锦甲线跳闸回路断线示意图

为了保证断路器控制回路完整性，通过断路器跳闸位置继电器和断路器合闸位置来监视跳、合闸回路完整性。断路器在合位时，跳闸回路接通，跳线 137 带负电，合闸位置继电器励磁，辽锦甲线操作箱上两组合闸 A，B，C 相灯亮，测控屏开关合闸位置指示红灯亮。如图 4-17 所示，当辽锦甲线 2011 开关 A 相跳闸回路 137A 断线时，操作箱上第一组合闸 A 相 OP 灯灭，若此时辽锦甲线路 A 相发生故障，第一套保护虽能可靠动作，但由于 137A 断线，断路器第一组跳闸线圈不能动作，只能由第二套保护动作出口跳第二组跳闸线圈。若第二套保护停用，只能起动断路器失灵保护切除故障，扩大事故范围。

220kV 辽锦甲线操作直流电源分为第一组操作电源 + KM1，– KM1 和第二组操作电源 + KM2，– KM2，这两组操作直流电源分别控制断路器第一组跳闸线圈、断路器合闸线圈和断路器第二组跳闸线圈。第一组操作电源 + KM1，– KM1 还控制电压切换继电器及断路器压力闭锁回路。如图 4-18 所示，当 220kV 辽锦甲线 2011 开关 – KM1 断线时，遥信正电源通过操作箱 TWJ 与 HWJ 接点串联发出控制回路断线信号；第一套纵联保护装置、第二套纵联保护装置报 TV 断线，发出告警信号；压力降低闭锁分、合闸，断路器不能进行操作。后台监控相应报警光字牌亮。

图 4-18 模拟 220kV 辽锦甲线操作电源故障示意图

3. 接地

如图 4-19 所示，当 220kV 辽锦甲线 2011 开关控制回路正电源 101 接地，直流报警窗显示 I 段正接地，回路显示 1 – 001 正接地。运行实践表明，直流系统一点接地，容易致使断路器偷跳。此外，当直流系统中发生一点接地后，若再发生另外一处接地，将可能造成直流系统短路，致使直流电源中断供电，或造成断路器误跳或拒跳的事故发

图4-19　模拟220kV辽锦甲线控制回路接地示意图

生。

所谓拉路法是指依次、分别、短时切断直流系统中各直流馈线来确定接地点所在馈线回路的方法。例如，发现直流系统接地之后，先断开某一直流馈线，观察接地现象是否消失。若接地现象消失，说明接地点在被拉馈线回路中；如果接地现象未消失，立即恢复对该馈线的供电，再断开另一条馈线进行检查。重复上述过程，直至确定出接地点的所在馈线。

用上述方法确定接地点所在馈线回路应注意以下几点：

① 应根据运行方式、天气状况及操作情况，判断接地点所在可能的范围，以便在尽量少的拉路情况下能迅速确定接地点的位置。

② 拉路顺序的原则是先拉信号回路及照明回路，最后拉操作回路；先拉室外馈线回路，后拉室内馈线回路。

③ 断开每一馈线的时间不应超过3s，不论接地是否在被拉馈线上，应尽快恢复供电。

④ 当被拉回路中接有继电保护装置时，在拉路之前应将直流消失后容易误动的保护（例如发动机的误上电保护、启停机保护等）退出运行。

当被拉回路中接有输电线路的纵联保护装置时（例如高频保护等），在进行拉路之前，首先与调度员联系，同时退出线路两侧的纵联保护。

4. 辅助接点粘联

如图4-20所示，220kV辽锦甲线由于1G隔离开关辅助接点接触粘联或转换不到位等原因引起的电压切换回路异常导致母线电压非正常并列，电压切换监视回路发出"切

图 4-20　模拟 220kV 辽锦甲线刀闸辅助接点粘联示意图

换继电器同时动作信号"，操作箱上 L1 和 L2 灯都亮。220kV 变电站 220kV 系统进行倒母线操作，在将所有 220kV 间隔设备由Ⅰ母倒至Ⅱ母后，断开 220kV 母联开关对 220kVⅠ段母线停电时，所有运行的 220kV 设备保护装置发出"PT 电压异常"告警信号，经检查 220kVⅠ、Ⅱ母 PT 二次电压全部失去。

原因分析：电压切换回路图如图 4-21 所示。

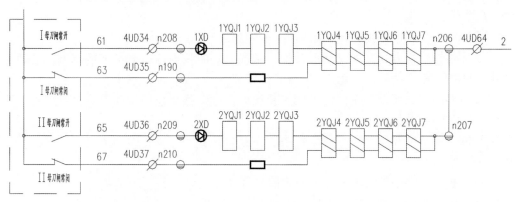

1YQJ1 1YQJ2 1YQJ3　为Ⅰ母不带保持继电器
1YQJ4 1YQJ5 1YQJ6 1YQJ7　为Ⅰ母带保持继电器
2YQJ1 2YQJ2 2YQJ3　为Ⅱ母不带保持继电器
2YQJ4 2YQJ5 2YQJ6 2YQJ7　为Ⅱ母带保持继电器

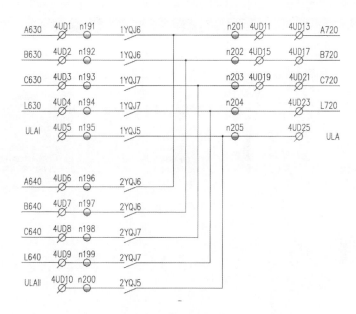

图 4-21　电压切换回路

现场检查发现，220kV 甲线路电压切换回路中 1YQJ 和 2YQJ 继电器均处于动作状态，从而使 220kV Ⅰ、Ⅱ母电压通过甲线路的电压切换回路并列起来。辽锦甲线路运行在Ⅱ母，所有电压切换回路中 2YQJ 动作接通是正确的，而 1YQJ 则不应动作。后续检查中发现该线路Ⅰ母隔离刀闸常开，辅助接点因粘联而没有打开。在甲线路间隔由 220kV Ⅰ母倒至Ⅱ母后，该线路Ⅰ母刀闸的常开辅助接点却未打开。从电压切换回路图可以看出，带复归线圈型 1YQJ4（5，6，7）仍处于接通状态，1YQJ1（2，3）处于接通状态，"Ⅰ母运行灯"亮，"切换继电器同时动作"信号发出。因此，220kV Ⅰ、Ⅱ母 PT 二次电压通过辽锦甲线路的电压切换回路并列起来。倒母线操作过程中，运行人员未注意将停电的Ⅰ母 PT 二次空开断开。当分开 220kV 母联开关时，Ⅱ母二次电压通过并列点向停电的Ⅰ母 PT 反充电，引起 220kV Ⅰ、Ⅱ母 PT 二次电压空气开关跳闸。

5. 错线

如图 4-22 所示，由于某种原因辽锦甲线 2011 开关合闸 107A 回路接到 107B 回路。正常运行时，手合 2011 开关均正常合闸，未发现任何问题。当辽锦甲线线路发生 A 相或 B 相瞬时性故障时，2011 开关跳 A 相或 B 相，重合闸动作合 A 相或 B 相，但是由于 107A 接到 107B，B 相或 A 相开关并未跳开，即使发出合闸脉冲也没有用，实际那相开关在合闸位置，而实际开关跳开相没有收到合闸命令，拒绝合闸，经过 3～5s 延时，断路器非全相保护动作跳开另外两相，造成线路发生瞬时性故障而出现三相跳闸恶性停电事故。

如图 4-23 所示，由于某种原因辽锦甲线 2011 开关跳闸 137A 回路接到 137B 回路。正常运行时，手跳 2011 开关均正常跳闸，未发现任何问题。当辽锦甲线线路发生 A 相或 B 相瞬时性故障时，2011 开关保护跳 A 相或 B 相，但是由于 137A 接到 137B，故障相开关 B 或 A 不能跳开，保护虽然能正确动作，但故障电流仍然存在，只能依靠后加速保护动作跳开三相开关，造成线路发生瞬时性故障而出现三相跳闸恶性停电事故。

如图 4-24 所示，辽锦甲线母线刀闸 1G，2G 接错线，手动合Ⅰ母刀闸，Ⅱ母灯亮；

图 4-22 模拟 220kV 辽锦甲线开关接线错误示意图

图 4-23 模拟 220kV 辽锦甲线控制回路错线示意图

图 4-24 模拟 220kV 辽锦甲线刀闸接线错误示意图

手动合 II 母刀闸，I 母灯亮。如接入母差保护开入的 1G，2G 接错线，当线路运行时，母差保护装置报"刀闸位置异常"信号。若不能及时发现处理，当母线发生故障时，母差保护不能正确选择故障母线，造成变电站全停的恶性事故。

6. TA 缺陷

如图 4-25 所示，辽锦甲线接入母差保护的电流回路 AB 相接错，B 相相角超前 A 相 120°；母差保护装置断线报警灯亮，液晶屏报：支路 TA 断线，TA 异常报警。母差保护大差和小差电流增大，随着负荷电流增大，大差和小差电流也增大，当达到 CT 断线闭锁定值时，闭锁母差保护，即使母线故障母差保护也不能动作，只能由上一级变电站后备保护延时切除母线故障，可能造成一次设备严重损坏，影响系统稳定，扩大事故范围。

7. 开关缺陷

如图 4-26 所示，断路器正常运行时 SF6 压力表指示在正常范围内。当断路器 SF6 气压降低，达到 SF6 报警值时，SF6 压力表针接点闭合发出 SF6 低报警信号，后台监控相应报警光字牌亮，此时不闭锁跳合闸回路。若 SF6 压力继续降低，达到 SF6 闭锁值时，SF6 密度继电器动作，其接点断开断路器的跳、合闸回路，断路器不能进行操作，测控屏跳合闸位置指示灯灭，同时报断路器控制回路断线信号。

如图 4-27 所示，辽锦甲线断路器 A 相偷跳，测控屏跳闸位置指示灯亮，重合闸装置起动发合闸命令，使 A 相断路器合闸。保护装置显示重合闸动作，操作箱重合闸动作信号灯亮。重合闸起动条件：① 保护起动；② 开关位置不对应起动。如重合闸不动作，断路器非全相保护动作跳开三相断路器，造成线路非故障停电。

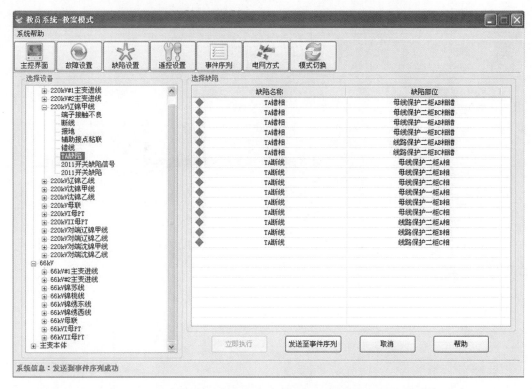

图 4-25　模拟 220kV 辽锦甲线电流互感器二次接线错误示意图

图 4-26　模拟 220kV 辽锦甲线开关 SF6 异常示意图

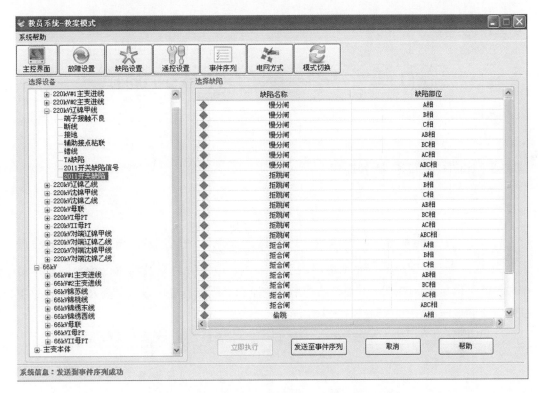

图 4-27　模拟 220kV 辽锦甲线 A 相开关偷跳示意图

第五章　单体保护装置的调试

一、保护装置标准化调试

1. 测试项目一：校表

在表中设置一定的电压、电流量，把被测表计接入。按 ▶ 进入试验。在工具栏点击 图标，弹出功率视窗，显示输出的三相电压、电流、功率及功率因数。同时，功率显示既可以显示保护装置二次侧的功率、电流和电压值，也可以选择显示一次侧的功率、电流和电压值，如图 5-1 ~ 图 5-3 所示。

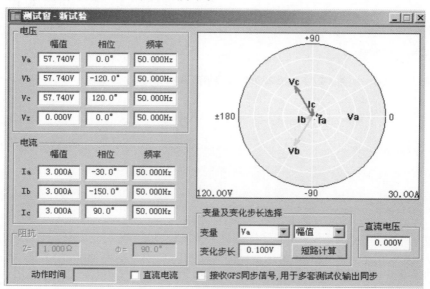

图 5-1　手动试验电流、电压设置

一次电压、电流：如果电压、电流表是通过互感器接到系统中的，显示的是一次侧的电压、电流，把互感器一、二次侧电压、电流分别输入功率视窗的下方。在进行校表的时候，"功率显示"自动把电压、电流换算成一次侧的电压、电流，便于与表计相对照。如果表计是直接接入系统中的，可以把一、二次的电压、电流都写为 1，这样功率视窗中显示的是直接输出的电压、电流值。

相位：电压、电流的相位。

功率因数：$\lambda = \cos\theta$，θ 为电压、电流的夹角。

视在功率：$S = UI$

有功功率：$P = UI\cos\theta$

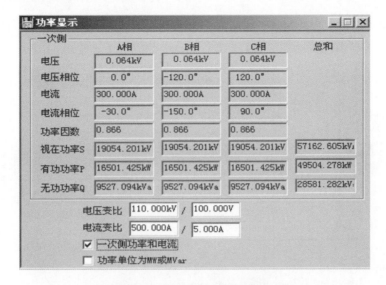

图 5-2 手动试验输出功率显示 1

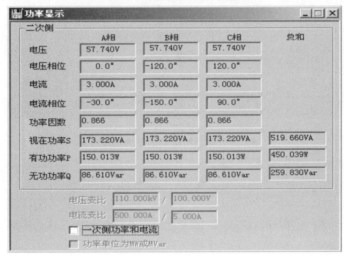

图 5-3 手动试验输出功率显示 2

无功功率：$Q = UI\sin\theta$

注意：视在功率、有功功率、无功功率均为有效值。

2. 测试项目二：动作值、返回值

整定值：动作值 80V、返回值 90V。

（1）试验接线

U_a 接电压线圈的②、④端，U_n 接⑥、⑧端（并联方式）；接点①、③接开入量 A。

（2）参数设置

设 U_a 输出初始值为 100V，大于继电器的整定值。U_b，U_c，U_z，I_a，I_b，I_c 的取值均与此次试验无关，建议取为 0，如图 5-4 所示。

（3）试验

① 按 进行试验，测试仪 U_a 输出 100V 电压。

② 按 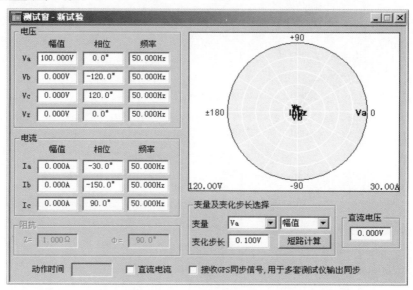 逐步按所设变化步长减小 U_a，每步保持时间应大于继电器出口时间，直到继电器动作，记录其动作值。

③ 按 逐步按所设变化步长增大 U_a，每步保持时间应大于继电器动作返回时间，直到继电器返回，记录其返回值。

④ 按 结束试验。

图 5-4　手动试验初始值为 100V

3. 测试项目三：动作时间

整定值：动作值 2.99A、返回值 2.000A、动作时间 0.030s。

（1）试验接线

I_a 接电流线圈的①端，I_n 接③端；接点⑥、⑧接开入量 A。

（2）参数设置

设 I_a 输出初始值为 0A，小于继电器的动作值，如图 5-5 所示。

（3）试验

① 点击 图标开始测试。

② 按下工具栏上保持按钮 ，直接在测试窗中将 I_a 值改变为 4A，大于继电器的动作值，使继电器可靠动作（如图 5-6 所示）。

③ 弹起 按钮，将修改后的值输出到继电器并同时开始计时，当接点闭合时停止计时，并显示出动作时间。

④ 按 结束试验。

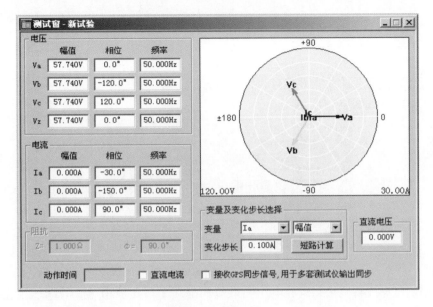

图 5-5　正常状态

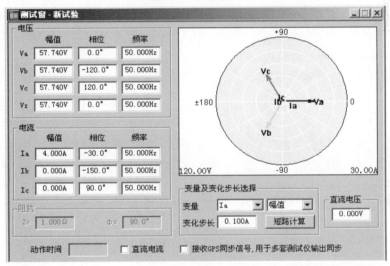

图 5-6　故障状态

4. 试验项目四：测试保护的动作时间、重合时间和永跳时间

（1）试验状态设置

故障前状态：正常相电压，负荷电流为零，持续输出时间 15s。

故障状态：A 相过流，短路电流 5A 直到三相跳开。

跳闸后状态：三相跳开，电压为额定值，电流为零，直到重合闸动作。

重合状态：由于是永久性故障，重合后故障未消失，仍为 A 相过流、短路电流 5A 直到三相跳开。

永跳状态：三相跳开，ABC 三相电压为故障前额定电压，电流为零。

（2）试验步骤

① 添加状态序列；

② 设置各状态电压电流的幅值、相位和频率；

③ 设置各状态的触发条件；

④ 开始试验；

⑤ 设置试验报告格式，并保存、打印试验报告。

（3）接线（如图5-7所示）

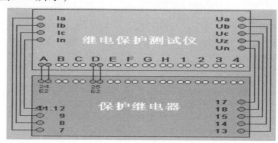

图5-7　试验接线图

① 用测试导线将测试装置的电压和电流输出端子与保护相对应的端子相连接，如果保护采用自产 $3U_0$ 或重合闸不检同期或无压可不接 U_z。

② 保护装置的跳 A、跳 B 和跳 C 接点分别连接到测试仪开入端子 A，B 和 C。重合闸动作接点必须连接到测试仪开入端子 D，E2 为保护装置的出口公共端。

（4）进入状态系列测试模块

① 设置状态 1 为故障前状态。

第一步：在工具栏上单击 回 按钮进入"状态参数"属性页，设置幅值均为 57.74V 的三相对称电压，三相电流均为零，频率均为 50Hz。状态名称为"故障前状态"。

第二步：进入"触发条件"属性页，设置状态触发条件如下（如图5-8所示）：最大状态输出时间设置为 15s，大于重合闸充电时间或整组复归时间。触发后延时设为 0s（如图5-9所示）。

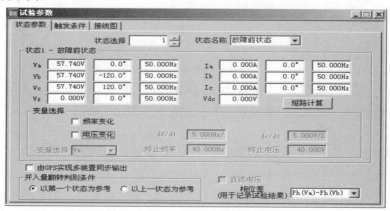

图5-8　故障前状态

② 设置状态 2 为故障状态。

第一步：在工具栏上单击 ▶* 按钮，添加一新的试验状态。

第二步：进入"状态参数"属性页，设置 A 相电流为 5A，状态名称为"故障状态"。

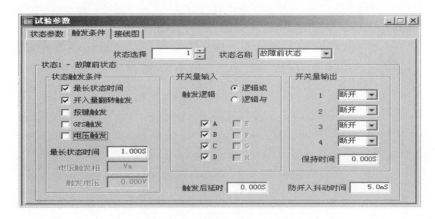

图5-9　故障前状态触发条件

第三步：进入"触发条件"属性页，设置状态触发条件如下：开入 A，B 和 C 作为保护动作信号开入量，触发逻辑为"逻辑或"。最大状态持续时间为 0.5s。触发后延时设置为 35ms，模拟断路器跳闸时间。保护跳闸出口经 35ms 延时进入跳闸后状态，测试过程如图 5-10 所示。

状态名称	故障前…			故障状态		
	1-幅值	1-相位	1-频率	2-幅值	2-相位	2-频率
Va	57.740V	0.000°	50.000Hz	57.740V	0.000°	50.000Hz
Vb	57.740V	-120.000°	50.000Hz	57.740V	-120.000°	50.000Hz
Vc	57.740V	120.000°	50.000Hz	57.740V	120.000°	50.000Hz
Vz	0.000V	0.000°	50.000Hz	0.000V	0.000°	50.000Hz
Ia	0.000A	0.000°	50.000Hz	5.000A	0.000°	50.000Hz
Ib	0.000A	0.000°	50.000Hz	0.000A	0.000°	50.000Hz
Ic	0.000A	0.000°	50.000Hz	0.000A	0.000°	50.000Hz
直流电压	0.000V			0.000V		
触发条件	时间,持…			开入或…		

图5-10　故障状态测试窗

③ 设置状态 3 为跳闸后状态。

第一步：在工具栏上单击 ▶* 按钮，再添加一新的试验状态。

第二步：进入"状态参数"属性页，输入开关跳开后各电压电流的幅值和相位。即三相电流为零，电压为额定值。状态名称为"跳闸后状态"。

第三步：进入"触发条件"属性页，设置状态触发条件如下：开入 D 作为重合闸动作信号开入量。触发后延时设置为 100ms，模拟断路器合闸时间。保护合闸出口后经100ms 延时进入到重合状态。

④ 设置状态 4 为重合后状态。

第一步：在工具栏上单击 ▶* 按钮，添加一新的试验状态。

第二步：进入"状态参数"属性页，设置 A 相电流为 5A，状态名称设为"重合后状态"。

第三步：进入"触发条件"属性页，设置状态触发条件如下：开入 A，B 和 C 作为保护动作信号开入量，触发逻辑为"逻辑或"。最大状态持续时间为 0.5s。触发后延时设置为 35ms，模拟断路器跳闸时间。保护永跳出口后经 35ms 延时进入永跳状态。

⑤ 设置状态 5 为永跳状态。

第一步：在工具栏上单击 ▶* 按钮，添加一新的试验状态。

第二步：进入"状态参数"属性页，输入开关跳开后各电压电流的幅值和相位。即 ABC 相电流为零，电压为 57.7V 额定电压，状态名称设为"永跳状态"。

第三步：由于是最后一个试验状态，选择最大状态时间作为其触发条件。最大状态持续时间设为 1s。

⑥ 保存试验参数（详见第二章）。

注意：在设置试验参数和触发条件时，状态页应与属性页上侧的微调控件中显示的数值相一致。必要时，通过微调按钮 ⬍ 进入到所要的试验状态。

（5）试验

点击 ▦ 图标打开试验结果列表试图窗口查看保护动作时间，每一状态下，开入量翻转时间记录在列表中，如图 5-11 所示。

	名称	触发条件	A翻转时间	B翻转时间	C翻转时间	D翻转时间	E翻转时间	F翻转
✔	故障前状态	持续时间=15.000S						
✔	故障状态	等待开入命令	0.025S					
✔	跳闸后状态	开入				0.548S		
✔	重合状态	开入	0.066S	0.066S	0.065S			
✔	永跳后状态	状态持续时间=1.0S						

图 5-11　试验列表视图

（6）试验报告

点击 ▤ 图标，打开试验报告。

5. 测试项目五：接地距离、相间距离、零序保护的定值校验及动作时间测试

保护定值如下：

接地距离：Ⅰ段定值 2Ω，Ⅱ段定值 4Ω，时间 0.5s，Ⅲ段定值 6Ω，时间 1s。

相间距离：Ⅰ段定值 2Ω，Ⅱ段定值 4Ω，时间 0.5s，Ⅲ段定值 6Ω，时间 1s。

零序电流定值：Ⅰ段定值 3A，Ⅱ段定值 2.5A，时间 0.5s，Ⅲ段定值 2A，时间 1s，Ⅳ段定值 1A，时间 1.5s。

零序补偿系数：选择 RE/RL 和 XE/XL 方式。KX = 0.699，KR = 0。

保护压板：在保护装置上进行保护压板的投退。退高频、重合闸，投距离保护。测试过程中再根据软件提示投零序退距离。

（1）试验接线（如图 5-12 所示）

① 测试仪的三相电压、三相电流输出分别接到被测保护装置的电压、电流输入端子。

② 测试仪的开入量 A，B，C 的一端接到被测保护装置的跳闸出口接点 CKJA，CKJB，CKJC 上，另一端短接并接到保护跳闸的正电源。

（2）添加测试项目

将阻抗定值和零序电流定值校验点添加到测试项目列表：

① 在"测试项目"的属性页中选择"阻抗定值校验"。

② 单击"添加"按钮，弹出阻抗定值校验对话框。

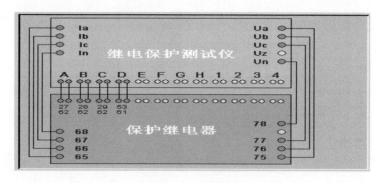

图 5-12　试验接线

③ 选择故障类型为 A 相接地。

④ 因为校验的定值为电抗值，所以阻抗角为 90°。

⑤ 输入各段整定阻抗。

⑥ 设置校验点的整定倍数：0.95 倍定值保护可靠动作（即本段动作）；1.05 倍定值保护可靠不动作（即本段不动作，下一段动作）；0.70 倍定值测试保护动作时间（即本段动作的动作时间）。

⑦ 单击"确认"按钮，将测试点添加到测试项目列表中（见图 5-13）。

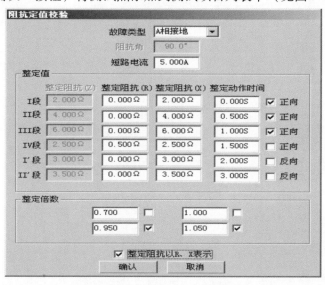

图 5-13　阻抗定值校验参数设置

⑧ 在测试项目的属性页中选择"零序电流定值校验"。

⑨ 单击"添加"按钮，弹出零序电流定值校验对话框。

⑩ 置校验点的零序电流整定值以及整定倍数：0.95 倍定值保护可靠不动作（即本段不动作，下一段动作）；1.05 倍定值保护可靠动作（即本段动作）；1.20 倍定值测试保护动作时间（即本段动作的动作时间）。

⑪ 单击"添加"按钮，将所有测试项目一次添加到测试项目列表中，见图 5-14。这时测试项目列表中既有阻抗定值校验项，也有零序电流定值校验项。

⑫可一次完成所有测试项目的测试，也可选择其中某一项目进行测试（如只做阻抗

	No	测试项目	故障类型	短路阻抗	阻抗角	倍数
✓	8	阻抗定值	AB短路	2.100Ω	90.0°	1.050
✓	9	阻抗定值	AB短路	3.800Ω	90.0°	0.950
✓	10	阻抗定值	AB短路	4.200Ω	90.0°	1.050
✓	11	阻抗定值	AB短路	5.700Ω	90.0°	0.950
✓	12	阻抗定值	AB短路	6.300Ω	90.0°	1.050
✓	13	零序定值	A相接地	1.000Ω	90.0°	0.950
✓	14	零序定值	A相接地	1.000Ω	90.0°	1.050
✓	15	零序定值	A相接地	1.000Ω	90.0°	0.950

图 5-14　测试项目列表

或只做零序电流定值校验），可以通过图 5-15 对话框来选择，方法详见第二章。

图 5-15　删除选项

（3）试验参数设置

① 故障前时间设为 18s（大于保护整组复归时间或重合闸充电时间。微机保护一般要取 20s 左右）。

② 最大故障时间设为 5s（大于保护最长动作时间，一般取 3s 左右）。

③ 故障触发方式设置为时间控制，按照设置的时间自动完成所有故障模拟试验，见图 5-16。

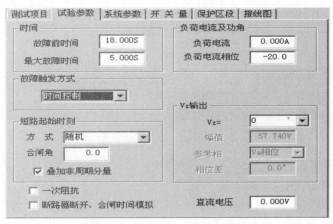

图 5-16　故障触发方式设置

（4）开关量设置

因为保护分相跳闸（综重方式），设置 A，B，C 和 D 分别为保护的跳 A、跳 B、跳 C 和重合闸动作接点。

（5）系统参数设置（如图 5-17 所示）

零序补偿系数是由定值单或保护装置说明书中给出的，TV、TA安装位置要根据现场的实际位置进行设置。

图 5-17 系统参数设置

（6）保存试验参数

详见第二章。

（7）开始试验

① 单击 ▶ 按钮开始试验。测试仪按测试项目表的顺序模拟所设置的各种故障，并记录保护跳、合闸时间。

② 当距离保护定值校验完成后，测试仪关闭电压、电流输出，计算机自动弹出提示对话框提示投、退保护压板。

③ 退出距离压板并投入零序压板后，单击"继续试验"按钮继续试验。

④ 在试验进行过程中可监视测试仪输出及保护动作的信息。

⑤ 完成测试项目列表中的所有试验项目后自动结束试验。

（8）设置、保存、打印试验报告

6. 测试项目六：模拟 A 相接地瞬时故障、B 相接地永久故障、B 相接地永久反向故障、AB 相短路瞬时故障、BC 相短路永久故障、BC 相短路永久反向故障

整定值如下。

接地距离：$Z1 = 2\Omega$，$Z2 = 4\Omega$，$T2 = 0.5s$，$Z3 = 6\Omega$，$T3 = 1s$；

相间距离：$Z1 = 2\Omega$，$Z2 = 4\Omega$，$T2 = 0.5s$，$Z3 = 6\Omega$，$T3 = 1s$；

零序定值：$I1 = 3A$，$I2 = 2.5A$，$T2 = 0.5s$，$I3 = 2A$，$T3 = 1s$，$I4 = 1A$，$T4 = 1.5s$；

零序补偿系数：Kx = 0.699，Kr = 0；

保护压板　投高频、距离、零序以及重合闸（综重）压板。

（1）试验接线（如图 5-18 所示）

① 测试仪的三相电压、三相电流输出分别接到被测保护装置的电压、电流输入端子。

② 测试仪的开入量 A，B，C 的一端接到被测保护装置的跳闸出口接点 CKJA，CK-JB，CKJC 上，另一端短接并接到保护跳闸的正电源。保护的合闸出口接点 ZHJ1 及合闸正电源接测试仪的开入量 D。

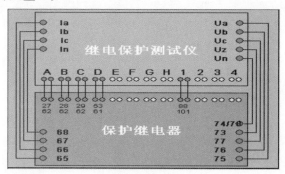

图 5-18　试验接线

（2）参数设置

模拟 A 相接地瞬时故障。

① 添加测试项。选择故障类型为 A 相接地；设置短路电流为 5A；设置二次侧短路阻抗为 1Ω；选择故障性质为瞬时故障；设置完故障后单击"添加"按钮，添加到测试列表，如图 5-19 所示。按以上步骤，将 B 相接地永久故障、B 相接地永久反向故障、AB 相短路瞬时故障、BC 相短路永久故障、BC 相短路永久反向故障添加到测试项目列表中。"故障性质"不选择即为瞬时性故障，"二次侧短路阻抗"的值决定动作区段。

② 试验参数设置。

故障前时间：25s（大于保护整组复归及重合闸充电时间，微机保护一般要取 20s 左右）。

最大故障时间：3s。

故障触发方式：时间控制。

Vz 输出：如果需要测试重合闸的检同期或检无压，可将测试仪 Vz 输出接到保护的线路抽取电压 Vx，并设置相应试验参数使它满足或不满足重合闸检同期或检无压的条件。

③ 开关量设置。重合闸设置为综重方式（分相跳闸），按图 5-20 所示设置；如果是三跳方式，保护跳闸出口接点连接到 A，B，C（设为"三相跳闸方式"）任何一个开入量端；重合闸接开入量 D。

④ 系统参数设置。零序补偿系数选择 RE/RL 和 XE/XL 方式（如图 5-21 所示）。可设置模拟断路器分、合闸时间，以模拟断路器的跳合闸延时。

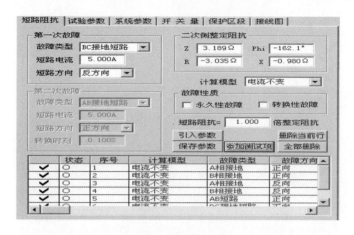

图 5-19　故障参数设置

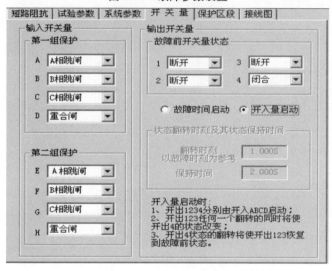

图 5-20　开关量设置

（3）试验、报告、保存

7. 测试项目七

测试项目七包括：

① 模拟 A 相接地，100ms 后转换为 B 相接地，永久性故障。

② 合闸角 0°，短路初始叠加非周期分量，模拟断路器跳闸时间为 35ms，合闸时间 100ms。

③ 重合闸检同期设置测试仪第四路电压 Vz 模拟线路抽取电压 Vx。

④ 模拟收发信机的收信信号。

整定值：同试验举例一。

保护压板：投高频（允许式）、距离、零序以及重合闸（综重）压板不接收发信机（用测试仪的开出模拟收发信机的发信）。

（1）试验接线（如图 5-22 所示）

测试仪的开出量 1 连接到保护的收信输入端子上。

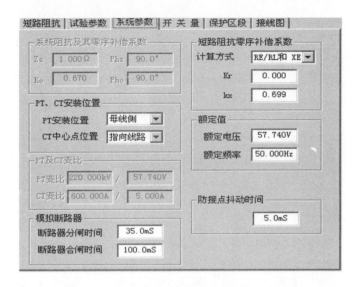

图 5-21　系统参数设置

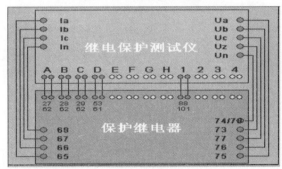

图 5-22　试验接线

（2）试验参数设置（如图 5-23 和图 5-24 所示）

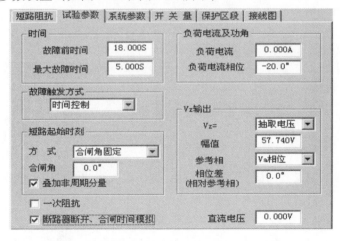

图 5-23　故障参数设置

（3）开关量设置

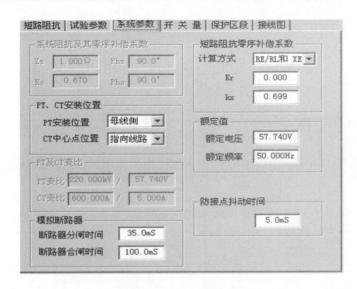

图 5-24　系统参数设置

如图 5-25 所示，开出量 1 在测试仪给出故障时由闭合变为断开并保持 10ms 再断开，模拟收发信机在正向故障时 10ms 的导频信号。

图 5-25　开关量参数设置

（4）添加测试项目、验结、保存

试验结束后，必要时单击 ▓ 按钮，打开时间信号窗口对故障波形进行分析，如图 5-26 所示。

图 5-27 为局部放大波形图。图中开入量 A，B，C，D 为保护跳、合闸动作信号

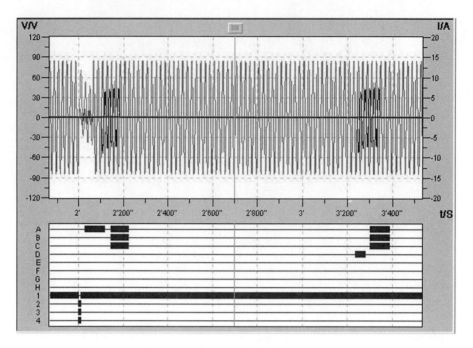

图5-26 录波数据

（单跳、重合、永跳），开出量1为模拟的导频信号。前一组波形为 A 相接地电流波形，后一组波形为故障转换后 B 接地电流波形。

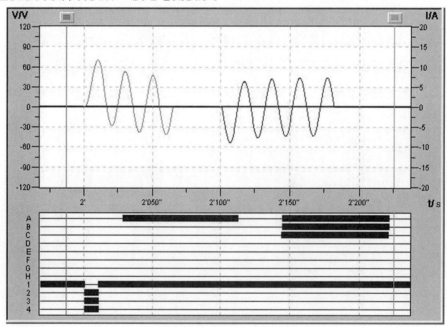

图5-27 局部放大波形

8. 测试项目八：变压器保护比率制动特性

整定值如下。

控制字 KG1 的 D8 = 0，D9 = 1 时，保护对象为三卷变；

变压器接线型式 KMD = 0000，为"无校正"，即高、中、低压侧 TA 二次电流之间不存在角度差；

中压侧平衡系数 KPM = 1，低压侧平衡系数 KPL = 0.5；

差动速断电流定值：ISD = 3.5A；

差动电流动作门槛值：ICD = 0.601A；

比率制动特性拐点电流定值：IB = 1.00A；

基波比率制动特性斜率：KID = 0.5。

（1）试验接线（以 A 相差动为例）

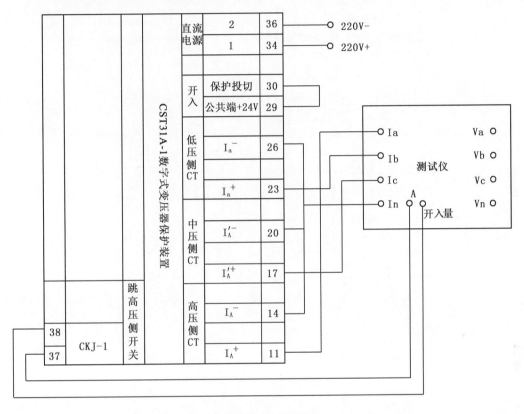

图 5-28 试验接线

如图 5-28 所示，用测试导线将测试仪的电流输出端子与保护对应端子相连接，将保护的动作接点连接到测试仪的开入端子 A。

（2）设置试验参数

在差动保护测试模块中，根据被测保护装置类型和测试项目，设置试验参数。在一些保护的装置中，由于电流头通入电流时间的限制，在大电流时的边界测试可以采用定点测试。"平衡系数"一般是通过额定电流计算的。特性定义时，要计算准拐点的斜率；否则，实际曲线与保护装置的原理曲线有很大的差别，无法验证保护装置的动作特性是否正确。

① 测试项目，如图 5-29 所示。

② 保护对象。平衡系数设置方式选择"直接设置平衡系数"，如图 5-30 所示。

③ 试验参数，如图 5-31 所示。

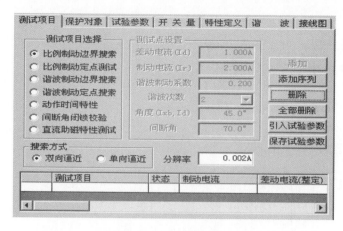

图 5-29　试验项目选择

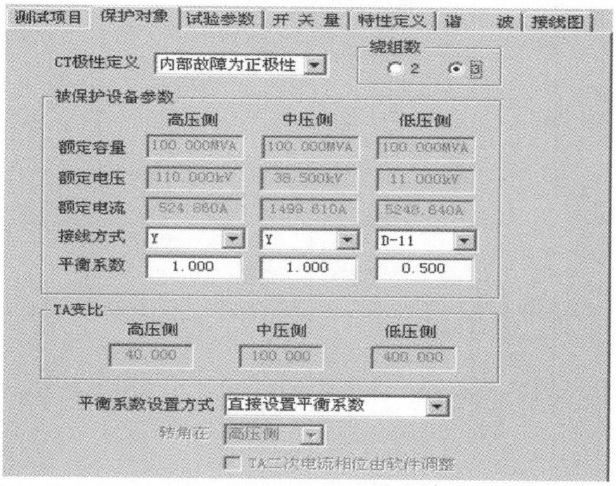

图 5-30　保护对象设置

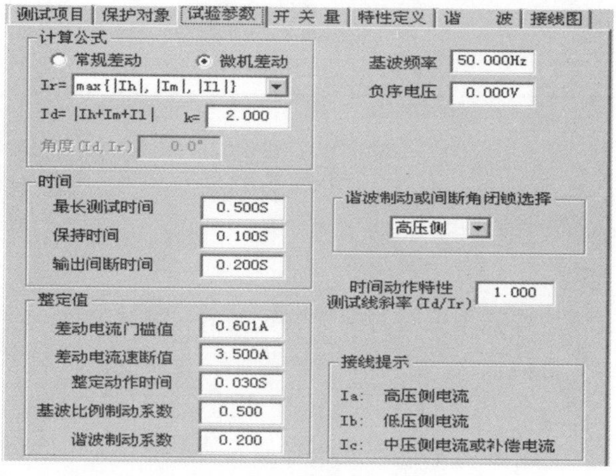

图 5-31　试验参数设置

此保护控制字 KG1.10 为制动电流选择位，KG1.10 =0 时三圈变，制动电流为 $I_r =$ max $\{\,|\,I_h\,|\,,\,|\,I_m\,|\,,\,|\,I_l\,|\,\}$。按说明书提供的方程选择被测保护装置的差动制动方程。整定值按定值单设置。最长测试时间必须大于保护动作时间，输出间断时间大于

保护返回时间。

④ 开关量，如图 5-32 所示。

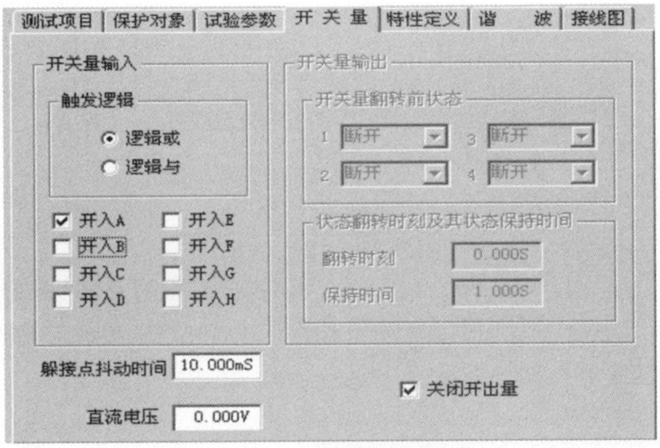

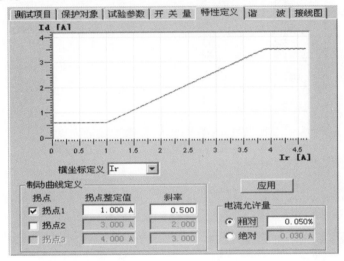

图 5-32　开关量参数设置

⑤ 特性定义。

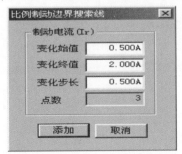

图 5-33　保护动作特征

设置完毕后，按"应用"按钮（如图 5-33）自动在 I_d/I_r 坐标中画出所要搜索的比率制动特性曲线（实线表示），上下两条虚线分别表示电流值相对误差的边界。

（3）添加测试项目

所有参数设置完毕后，在"测试项目"属性页中点击"添加序列"按钮，在对话框中添加搜索线（如图 5-34）。也可以直接在右侧的坐标图中点击鼠标右键进行添加。

图 5-34　比例制动边界搜索设置

在测试项目列表中自动列出各测试点的有关参数（如图 5-35），同时在右边的比例制动边界搜索图中自动绘出搜索线（如图 5-36）。

	测试项目	状态	制动电流	差动电流（整
✓	比例制动特性搜索	☆	0.500A	0.601A
✓	比例制动特性搜索	☆	1.000A	0.601A
✓	比例制动特性搜索	☆	1.500A	0.851A
✓	比例制动特性搜索	☆	2.000A	1.101A
✓	比例制动特性搜索	☆	4.030A	2.116A
✓	比例制动特性搜索	☆	5.759A	2.981A

图 5-35　搜索数据

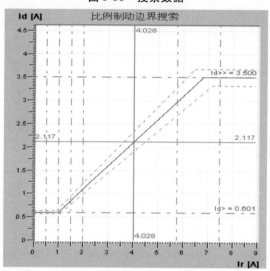

图 5-36　搜索边界数据范围

（4）保存试验参数（如图 5-37 所示）

详见第二章。

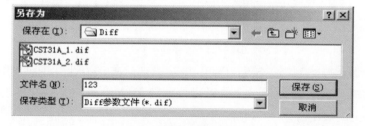

图 5-37　数据保存

（5）开始试验

按 ▶ 进行试验，测试仪按测试项目列表中的项目进行试验。逐点搜索保护动作边界，动作边界用 ✚ 标注在右侧的坐标视图中。窗口实时监视试验过程，如图 5-38 所示。

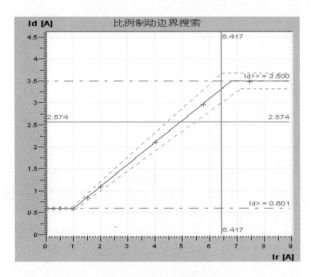

图 5-38　实际动作点

（6）试验报告（如图 5-39 所示）

PW系列继电保护测试仪

测试模块信息

名称：　　　差动试验　　　　　　　版本：　　　2.16

日期时间：　2004年3月25日9时50分

测试对象

厂、站名　　　　　　　　　　　　　测试人

回路号　　　　　　　　　　　　　　安装单元

保护型号　　CST-31A　　　　　　　保护编号

保护对象

整定值：　差流门槛值　　差流速断值　　动作时间　　基波比例制动系数　　谐波制动系数

　　　　　0.600A　　　3.500A　　　0.030S　　　0.500　　　　　　　　0.200

接线方式：　Y/D-11

平衡系数：　Kph=1.00,　　Kpl=0.50

试验参数

时间：　　最长测试时间　保持时间　　输出间断时间

　　　　　0.500S　　　0.100S　　　0.200S

谐波制动或间断角闭锁选择：高压侧

图 5-39　试验报告

9. 测试项目九：六路输出时变压器保护比率制动特性

整定值如下。

控制字 KG1 的 D8 = 0，D9 = 0 时，保护对象为两卷变；

变压器接线型式 KMD = 0002，为"变压器 Y/D－11 接线"；

高压侧平衡系数 KPM = 1，低压侧平衡系数 KPL = 0.5；

差动速断电流定值：ISD = 3.5；

差动电流动作门槛值：ICD = 0.6；

比率制动特性拐点电流定值：IB = 1.00；

基波比率制动特性斜率：KID = 0.5；

谐波制动系数：0.2。

（1）试验接线

测试时以高压侧和低压侧作差动保护。如图 5-40 所示，用测试导线将测试仪的电流输出端子与保护对应端子相连接，将保护的动作接点连接到测试仪的开入端子 A。

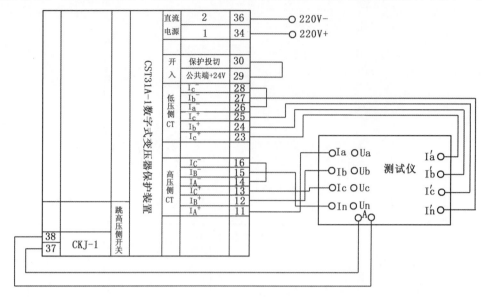

图 5-40　试验接线

（2）设置试验参数

① 测试项目（如图 5-41 所示）。

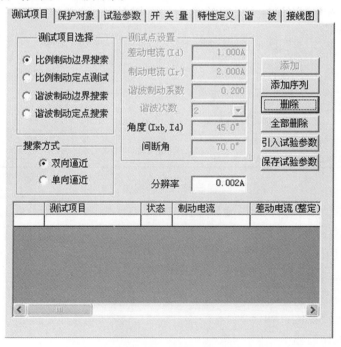

图 5-41　测试项目选择

② 保护对象。在差动保护测试模块中，根据被测保护装置类型和测试项目，设置

试验参数。"平衡系数"在此由保护直接给出，所以选择"直接设置"，如图5-42 所示。

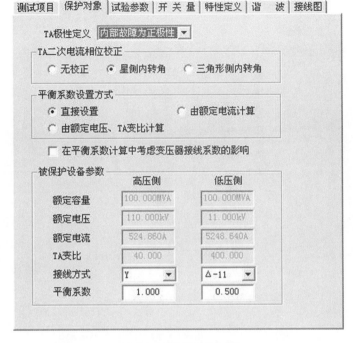

图 5-42 保护对象设置

③ 试验参数（如图5-43 所示）。

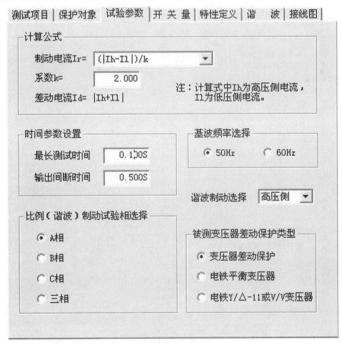

图 5-43 试验参数设置

两卷变时的制动方程 $I_r = |I_h - I_l| /2$。最长测试时间必须大于保护动作时间，输出间断时间大于保护返回时间。可选择不同的相别分别进行测试。

④ 开关量（如图 5-44 所示）。

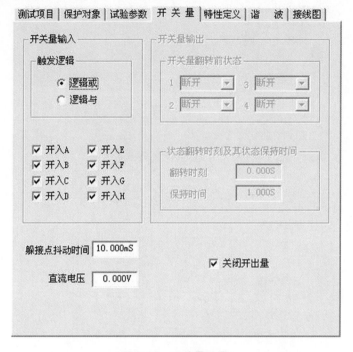

图 5-44　开关量设置

⑤ 特性定义。应按照保护的比例制动特性进行准确设置，在测试中将按此设置进行扫描，并对结果的准确性进行判断，如图 5-45 所示。

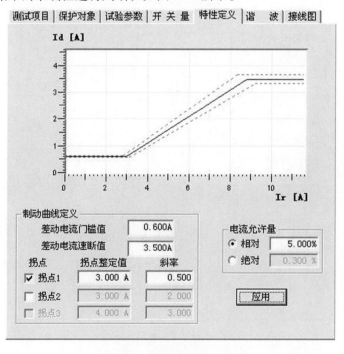

图 5-45　保护动作特性曲线

设置完毕后，按"应用"按钮自动在 I_d/I_r 坐标中画出所要搜索的比率制动特性曲线（实线表示），上下两条虚线分别表示电流值相对误差的边界。

（3）添加测试项目

所有参数设置完毕后，在"测试项目"属性页中点击"添加序列"按钮，在对话框中添加搜索线，如图5-46所示。也可以直接在右侧的坐标图中点击鼠标右键进行添加。

图5-46　比例制动边界搜索设置

在测试项目列表中自动列出各测试点的有关参数，如图5-47所示，同时在右边的比率制动边界搜索图中自动绘出搜索线，如图5-48所示。保存试验参数方法详见第二章。

	测试项目	状态	制动电流	差动电流（整
✓	比例制动特性搜索	☆	1.000A	0.600A
✓	比例制动特性搜索	☆	2.000A	0.600A
✓	比例制动特性搜索	☆	3.000A	0.600A
✓	比例制动特性搜索	☆	4.000A	1.100A
✓	比例制动特性搜索	☆	5.000A	1.600A
✓	比例制动特性搜索	☆	6.000A	2.100A
✓	比例制动特性搜索	☆	7.000A	2.600A

图5-47　搜索数据

（4）开始试验

点击▶开始试验。点击 可以观察差动电流和制动电流的数值。点击"静态输出"按钮 可以恒定输出差动电流，以便观察到保护装置的差动电流。在静态输出时，可通过设定测试点的差动电流和制动电流的方法控制差动电流的输出。

（5）试验报告

试验报告如图5-49所示。

该试验也可以选择添加测试点的办法进行比率制动特性的测试。

10. 测试项目十：六路输出时变压器保护谐波制动特性

整定值和试验接线同测试项目九。

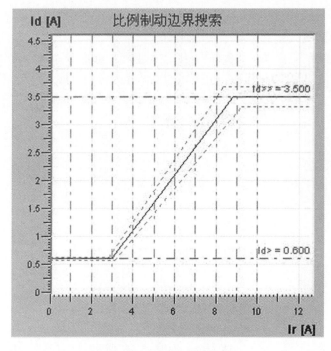

图 5-48　搜索边界数据范围

比例制动边界搜索

制动电流	差动电流（整定）	差动电流(实际)	整定时间	动作时间
1.000A	1.000A	1.000A	0.030S	0.290S
1.500A	1.000A	1.000A	0.030S	0.057S
2.000A	1.000A	0.997A	0.030S	0.102S
2.500A	1.000A	0.994A	0.030S	0.046S
3.000A	1.000A	0.991A	0.030S	0.110S
3.500A	1.250A	1.221A	0.030S	0.079S
4.000A	1.500A	1.477A	0.030S	0.081S
4.500A	1.750A	1.710A	0.030S	0.484S
5.000A	2.000A	1.966A	0.030S	0.223S
5.500A	2.250A	2.221A	0.030S	0.182S
6.000A	2.500A	2.433A	0.030S	0.193S
6.500A	2.750A	2.707A	0.030S	0.374S
7.000A	3.000A	2.959A	0.030S	0.243S
7.500A	3.250A	3.190A	0.030S	0.099S
8.000A	3.500A	3.439A	0.030S	0.168S
8.500A	3.750A	3.685A	0.030S	0.356S
9.000A	4.000A	3.922A	0.030S	0.036S
9.500A	4.250A	4.193A	0.030S	0.173S
10.000A	4.500A	4.445A	0.030S	0.111S

图 5-49　试验报告

（1）设置试验参数

在此将对与试验项目九中不同的设置页面即测试项目、谐波进行说明，其他设置同试验项目九。

① 测试项目（如图 5-50 所示）。

② 谐波。

设置谐波制动系数为 0.2，按"应用"按钮自动在坐标中画出所要搜索的比率制动特性曲线（实线表示），上下两条虚线分别表示电流值相对误差 $\pm 0.05\%$ 的边界，如图 5-51 所示。

（2）添加测试项目

所有参数设置完毕后，在"测试项目"属性页中点击"添加序列"按钮，在对话

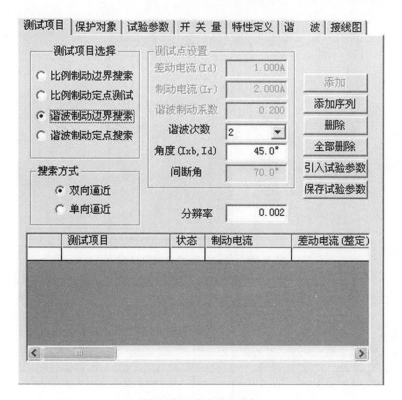

图 5-50　试验项目选择

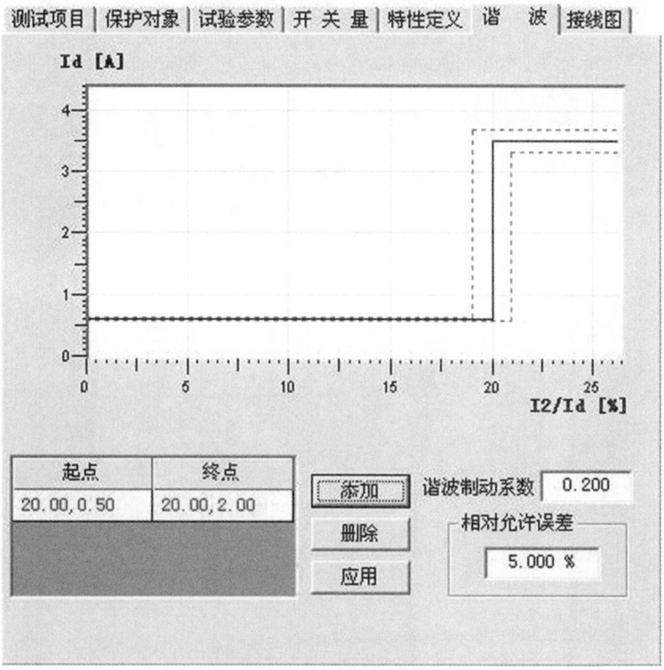

图 5-51　谐波参数设置

框中添加搜索线。也可以直接在右侧的坐标图中点击鼠标右键进行添加。初始值应大于门槛值，终值应小于速断值，如图 5-52 所示。

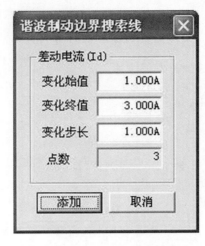

图 5-52 谐波制动边界搜索设置

　　在测试项目列表中自动列出各测试点的有关参数，如图 5-53 所示，同时在右边的谐波制动边界搜索图中自动绘出搜索线，如图 5-54 所示。

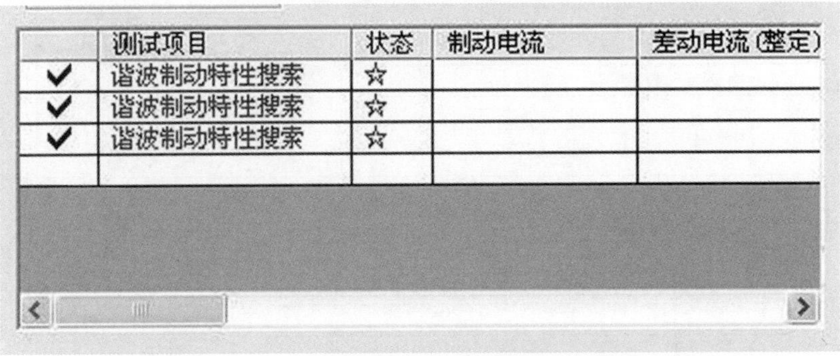

	测试项目	状态	制动电流	差动电流 (整定)
✔	谐波制动特性搜索	☆		
✔	谐波制动特性搜索	☆		
✔	谐波制动特性搜索	☆		

图 5-53 谐波搜索数据

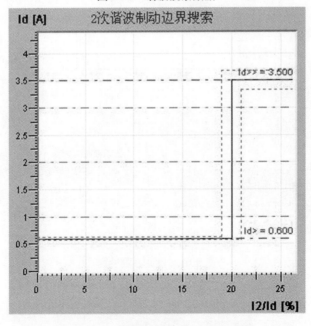

图 5-54 二次谐波制动边界搜索范围

（3）开始试验

方法见举例一。

（4）试验报告

设置、保存、打印详见试验报告，如图 5-55 所示。

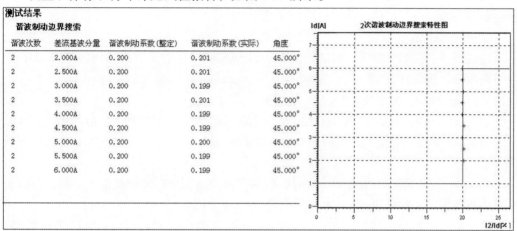

图 5-55　试验报告

该试验也可以选择添加测试点的办法进行比率制动特性的测试。

二、单一保护逻辑及特殊试验方法

1. CSC－101BS 线路保护调试方法

（1）纵联保护逻辑

① 对纵联控制字"零序补偿投入"的理解。当"线路长度整定值"大于 100km 时，当靠近线路一侧故障时，另一侧保护可能因为 $3U_0$ 太小（$3U_0 < 1V$），而使零序方向元件不能动作，此时如果该侧保护投入"零序补偿投入"控制字，装置会自动对 $3U_0$ 进行补偿（$3U_0' = 3U_0 - JI_0X_0$），保证其零序方向元件动作。模拟试验如下。

定值：两侧保护纵联零序电流定值均为 6A，纵联电抗定值为 1Ω。甲侧投入"零序补偿投入"。

甲侧：

$U_A = 57V$　　0°；	$I_A = 6.3A$　　$-90°$
$U_B = 57V$　　$-120°$；	$I_B = 0$
$U_C = 57V$　　120°；	$I_C = 0$

甲侧 $3U_0 = 0$，但已投入零序补偿可保证零序方向元件动作，保护纵联零序发信。

乙侧：

$U_A = 50V$　　0°；	$I_A = 6.3A$　　$-90°$
$U_B = 57V$　　$-120°$；	$I_B = 0$
$U_C = 57V$　　120°；	$I_C = 0$

乙侧纵联零序可以发信，纵联阻抗不发信。

U_A 电压由 U_Z 输出。

上述情况，保护可以动作。如果线路长度定值整定小于 100km，甲侧投入零序补偿也不会动作。

注：当发生乙侧背后故障，如果乙侧可以正确判别是反方向故障，就算甲侧经过零

序补偿使正方向零序方向元件动作，保护也不会动作；但如果故障发生在乙侧背后的远方，使乙侧 $3U_0$ 也很小，导致反方向元件也不能动作，此时如果甲乙两侧都投入零序补偿，只要甲侧和乙侧 I_0 大于定值，两侧都经补偿后均判为正方向，保护将误动。但在实际运行中，如果甲乙两侧的 $3U_0$ 都很小，那么流过甲和乙的零序电流应该也很小，不会达到纵联零序电流定值，保护也不会误动。

② 纵联保护在非全相运行期间的动作行为。

定值设置：两侧纵联零序电流定值 6.0A，纵联阻抗定值 3.0Ω，单重延时 2.0s，仅投纵联压板，传动开关。

状态 1：两侧正常电压，3s，TV 断线消失。

状态 2：两侧模拟 A 相瞬时接地故障，纵联保护动作跳 A 相开关。故障保持 50ms。

状态 3：两侧三相电压，延时 100ms。保证两侧 A 相开关跳开，进入非全相运行状态。

状态 4：两侧模拟 B 相故障，此时纵联零序保护因非全相运行而退出运行，只能由纵联阻抗发信，动作跳闸。

报文显示：27ms 纵联保护动作；75ms 单跳启动重合闸；178ms 纵联阻抗发信；187ms 纵联保护发展出口；三跳闭锁重合闸。（整个试验过程用时小于单重延时）

③ 功率倒向延时校验（模拟区外转区内故障延时动作）。

逻辑说明：区外转区内有 40ms 延时，跳闸确认延时 15ms。

试验接线：试验仪黄线接甲侧 I_A 头，红线接 I_N；试验仪绿线接乙侧 I_B，红线接 I_N；两侧 I_A' 和 I_N' 短接，试验仪侧红线和黑线都接 N。两侧装置电压并联。

状态 1：正常电压，3s；

状态 2：$U_A = 40V\ 0°$；$U_B = 57V\ -120°$；$U_C = 57V\ 120°$；$I_A = 6.3A\ -90°$；$I_B = 6.3A\ 90°$；$I_C = 0A$　50ms 延时。注：因为 I_B 进乙侧 A 相电流，模拟反向故障，所以 I_B 的角度应与 U_A 是 90°关系，而不是 U_B。

状态 3：$U_A = 40V\ 0°$；$U_B = 57V\ -120°$；$U_C = 57V\ 120°$；$I_A = 6.3A\ -90°$；$I_B = 6.3A\ -90°$；$I_C = 0A$　70ms 延时。注：本状态模拟本线路内部 A 相故障，因区外转区内有 40ms 延时，所以本状态保持 70ms。

报文显示：甲侧：27ms 纵联零序发信，119ms 纵联保护出口；

乙侧：113ms 纵联零序发信，119ms 纵联保护出口。逻辑框图中的时间及保护固有动作时间为 $113 = 50 + 40 + 23$。

④ 对纵联保护加速逻辑的理解。

手动合闸时，纵联距离保护固定投入纵联阻抗加速元件，不依赖通道即可加速跳闸。

自动重合时，保护将根据"纵联保护阻抗瞬时加速投入"控制字的投退情况进行选择。当投入时，不依赖通道即可加速跳闸。此功能为偏移特性动作区，包括坐标原点。

⑤ 弱馈逻辑校验。

逻辑说明：只能一侧投入弱电源功能，当同时满足以下条件时，保护发允许信号，并展宽 120ms。

- 至少有一相或相间电压低于 $0.5U_N$；
- 保护正方向和反方向元件均不动作；
- 启动时间小于 200ms；
- 收到对侧允许信号 5ms。

若弱电源侧保护跳闸控制字投入，则经对侧的允许信号确认后本侧也可以跳闸。

试验：为防止零序补偿和零序环回逻辑使弱电源侧发信，可将其退出，仅投入"弱电源功能投入"和"弱电源跳闸功能投入"两个控制字。

一侧模拟 A 相故障，另一侧 A 相无流，$U_A < 0.5U_N$，故障保持 50ms。两侧跳闸，弱电源侧报文：27ms 纵联弱馈发信，37ms 纵联出口。

⑥ 相继动作逻辑校验（零序补偿、零序环回、弱馈功能均退出）。

逻辑说明：如果在大电源侧出口附近经大电阻接地，由于助增作用，可能使对侧纵联保护收信灵敏度不足，此时靠大电源侧零序 I 段或接地距离 I 段先动作，在本侧开关跳开助增消失后对侧纵联保护再相继动作。保护在任何情况下，先跳闸侧纵联保护的发信元件在检测到本装置内零序、距离保护发出跳闸令后，再检测到原故障相确无流后，将发信脉冲展宽 120ms。

试验：试验仪 I_A 给甲侧 I_A，试验仪 I_B 给乙侧 I_A。试验仪 U_B 和 U_C 并联给两侧，U_A 给甲侧 U_A，U_X 给乙侧 U_A。甲侧投入距离保护或零序保护。

状态 1：两侧正常电压 3s。

状态 2：甲侧模拟 A 相故障，满足距离 I 段或零序 I 段动作。乙侧只是 U_A 降低，无流。试验仪设置的状态量输出时间为 50ms。

状态 3：甲侧正常三相电压，无流。乙侧模拟 A 相故障，此时乙侧纵联保护相继动作。报文"88ms 纵联零序或阻抗发信，89ms 纵联出口"。

如果在状态 2 和状态 3 之间再插入一个 130ms 两侧无故障状态，即躲过甲侧 120ms 发信展宽，之后乙侧不能动作。

⑦ "分相传输允许信号"控制字校验。

- 置 0，分相传输。甲侧 A 相故障，乙侧 B 相故障，两侧均三相跳闸，单重方式不重合，三重方式重合。
- 置 1，非分相传输。甲侧 A 相故障，乙侧 B 相故障，甲侧跳 A 合 A，乙侧跳 B 合 B。

⑧ "零序环回投入"控制字的理解。当投入"零序环回投入"时（为避免混淆，退出零序补偿和弱馈功能），甲侧模拟故障，乙侧方向元件不动作时，乙侧自动环回发信信号，允许对侧跳闸。如果乙侧投入"零序环回跳闸"，本侧也可以跳闸。

⑨ 通道设置。

- 专用光纤时应选择 2M，但如果两侧均选择 64K，通道也正常，保护也可以正确动作。
- 当两侧选择 2M 和 64K 不一致时，通道异常。
- 两侧都选 2M 时，时钟一外一内，正常；两个外，报警；两个内，正常。
  两侧都选 64K 时，时钟一外一内，正常；两个外，报警；两个内，正常。

● 两侧由 64K 外时钟、64K 外时钟改为两侧 2M 内时钟、2M 内时钟时，需要重新上电通道才能恢复正常。

两侧由 2M 外时钟、2M 外时钟改为两侧 64K 内时钟、64K 内时钟时，不需断电通道自动恢复正常。

（2）距离保护逻辑

① 快速距离 I 段校验。

说明书中没有具体的校验公式，仿照 RCS900 线路保护校验工频变化量的方法，可以做出此项目。

正常距离一段动作时间为 25ms 左右。快速距离一段动作时，延时为 14ms，报文显示仍然是距离一段出口，只是缩短。

② 校验距离保护包括原点的小矩形边界（模拟三相短路时，相间距离三段动作）。

逻辑说明：

X 取值说明：当相间距离三段定值 X_{DZIII} 小于等于（$5/I_N$）Ω，取 $X_{DZIII/2}$；

当 X_{DZIII} 大于（$5/I_N$）Ω，取 $2.5/I_N$。

R 取值说明：min ｛8 倍上述 X 取值，相间电阻定值 $R_{DZ}/4$｝

试验：设 $X_{DZIII}=5\Omega$，RDZ $=20\Omega$，由上述公式可得 $X=0.5$，$R=4$。

投入"距离 II、III 段压板"，分别模拟正、反向三相短路（4 次），$0.95X$ 和 $0.95R$ 动作，$1.05X$ 和 $1.05R$ 不动。

③ 非全相运行状态距离保护动作行为（仅投距离 I，II，III 段压板，在单相重合闸周期内完成试验）。

单相跳闸后，进入非全相运行状态，此时两健全相再发生接地或相间故障，阻抗 I 段或 II 段发展出口，但此时对健全相或相间阻抗的计算与全相运行时不太一样，实际采到的阻抗值偏大。

④ 距离后加速逻辑。手合于故障时，距离保护加速距离 I、II、III 段（加速 II、III 段是否受控制字控制，未校验）。

重合于故障时，距离保护提供以下三种后加速元件：

● 电抗相近加速：重合后，原故障相的测量阻抗在 II 段内，且电抗分量同跳闸前的电抗分量相近时，阻抗相近加速出口，此功能固定投入 100ms，且不受"瞬时加速距离 II 段"控制字影响。

试验：第一次故障和重合后故障相等，且小于距离 II 段阻抗，报"23ms 阻抗相近加速出口"。如果在重合后 100ms 以后再发生上述故障，阻抗相近加速不动作，由其他加速元件动作。

● 当"瞬时加速 II、III 段"控制字投入时，重合后 40ms 加速出口。

● 1.5s 躲振荡延时加速 III 段，此功能固定投入，不经控制字投退。校验此元件时，退出"瞬时加速 III 段"，重合后阻抗大于 II 段阻抗定值小于 III 段阻抗定值，报"延时 1.5s 加速距离 III 段出口"。

（3）零序保护逻辑

①"$3U_0$ 突变量闭锁"控制字校验。

逻辑说明：正常运行状态下，有不平衡电压 $3U_0$，此时若投入此控制字，零序方向过流保护要想动作，闭锁有大于 2V 的 $3U_0$ 突变才能动作；如果不投，在故障状态只要有 $3U_0$ 大于 1V 动作门槛值，尽管由正常运行状态到故障状态没有 $3U_0$ 突变，保护也能动作。

状态 1：$U_A = 54.5V\ 0°$；$U_B = 57V\ -120°$；$U_C = 57V\ 120°$；无电流输出。试验仪设置的状态量输出时间为 3s。

状态 2：$U_A = 52V\ 0°$；$U_B = 57V\ -120°$；$U_C = 57V\ 120°$；I_A 大于任一段零流定值，$-90°$。保证延时

当投入此控制字，保护可以动作；当状态 $2U_A = 53.5V$，保护不动；当不投此控制字，状态 $2U_A = 53.5V$，保护可以动作。

② 校验零序方向元件边界。

特性：正方向，$18° < \arg\ (3I_0/3U_0) < 180°$；反方向，$-162° < \arg\ (3I_0/3U_0) < 0°$。

状态 1：正常电压，3s。

状态 2：$U_A = 30V，0°$；$U_B = 57V\ -120°$；$U_C = 57V\ 120°$。I_A 幅值大于零流定值，此时 $3U_0$ 角度为 180°。

当 I_A 196°不动，200°动；$-2°$动，2°不动。

注：I_{01} 固定带方向；I_{02}，I_{03}，I_{04} 可选。

③ 非全相运行时零序保护逻辑。

逻辑说明：非全相运行时，投入固定带方向的不灵敏零序一段（受零序一段硬压板控制）、零序四段（延时 -500ms，接线路 TV 时固定不带方向，接母线 TV 时经控制字投退）和零序反时限保护。模拟非全相状态，可以不传动开关，只要有单相保护动作且该相无流即认为是非全相状态。

试验方法：

• 非全相运行状态，大于不灵敏一段定值，正方向，无延时跳闸。

• 非全相运行状态，在单跳启动重合闸过程中，只要满足 I_{04} 动作，就固定走（$T_{04} - 500$）ms 延时，在 I_{04} 动作前，开关是否重合无影响。但如果是在重合后，才满足 I_{04} 动作，走后加速逻辑。这一点，与 RCS931 逻辑相同。

④ 零序反时限逻辑校验。

反时限特性曲线公式：$T = K/\ \left[\ (I_d/I_{set})^R - 1\ \right]\ + T_s$

其中：I_d 为短路电流；K 为零序反时限时间系数；R 为零序反时限指数定值；I_{set} 为零序反时限电流定值；T_s 为零序反时限延时定值。按照 IEC 标准输入定值：$R = 0.02$，$K = 0.14$。$I_{set} = 1.0A$，$T_s = 1.0s$。

计算：$I_d = 3A$，$T = 7330$，实测 7337ms；$I_d = 5A$，$T = 5290$，实测 5297ms。

⑤ 零序后加速功能。

• 手合：固定投入不灵敏一段、I_{01}、I_{02}、I_{03}、I_{04}，除不灵敏 I_{01} 不带延时外，其他均带 0.1s 延时，永跳。

• 重合：投入 I_{01} 和不灵敏 I_{01}，控制字选择投退：加速 I_{02}、加速 I_{03}、加速 I_{04}。除不

灵敏 I_{01} 不带延时外，其他均带 0.1s 延时，动作永跳。因为零序各段延时相同，所以做哪一段加速，就仅投哪一段，存在接点竞赛。

例如：加速 I_{01}，退加速 I_{02}、I_{03}、I_{04}；加速 I_{03}，退 I_{01} 和加速 I_{02}、I_{04}。

（4）重合闸逻辑

① CSC101BS 的重合闸把手打至停用时，任何故障均三跳不重合。这一点与 RCS931，WXH－803 不同，这两个装置重合闸打至停用时，仍选相跳闸。

② U_X 自适应：当故障前 $U_X = 100V$，重合闸检定时按照线电压来判别；当故障前 $U_X = 57.7V$，重合闸检定时按照相电压来判别。

③ "非同期方式投入" "检无压方式投入" "检同期方式投入" 三种方式，任意两种方式同时投入时，装置告警 "重合闸控制字错"，即只能投入一种。

④ 检无压重合：检线路侧无压时（无压门槛为 30% U_N），重合，不判母线电压；线路侧有压时（有压门槛为 70% U_N），同时母线也有压，自动转为检同期重合，此时只要满足检同期条件就可以重合。

试验：状态 1，U_X 与 U_A 同相位，100V。状态 2，模拟瞬时故障，使保护三跳。状态 3，$U_X = 29V$，重合；$U_X = 31V$，不重合；$U_X = 72V$，母线电压也大于 70V，且 U_X 和 U_A 满足同期角度，可以重合，注意此时 "检同期控制字" 并未投入。

⑤ 检同期重合：线路侧电压和母线侧电压均有压（有压门槛为 70% U_N），且满足同期条件进行同期重合。

⑥ 非同期重合：无论线路侧和母线侧电压如何，都重合。

2. RCS978 变压器保护调试方法

差动保护原始定值：

变压器容量	80MVA	I 侧一次电压	220kV	III 侧一次电压	66kV
TA 二次额定电流	5A	变压器接线方式	00001（Y12－Δ11）	I 侧 TA 原边	600A
III 侧 TA 原边	1200A	差动启动电流	$0.5I_e$	比率制动系数	0.5
二次谐波制动	0.15	差速断电流	$8.00I_e$		

（1）计算各侧 TA 一次、二次额定电流

高压侧二次：$I_{e1} = 80 \times 10^3 / （1.732 \times 220 \times 600/5） = 1.745A$

低压侧二次：$I_{e1} = 80 \times 10^3 / （1.732 \times 66 \times 1200/5） = 2.915A$

计算值与装置差动计算定值中显示的数值一致。

（2）计算平衡系数（在试验过程中没有用）

$I_{2n-max} = 2.916A$，$I_{2n-min} = 1.749A$

$Kb = min \{I_{2n-max}/I_{2n-min}, 4\} = min \{1.667, 4\} = 1.667$

高压侧平衡系数：$K_{ph} = （I_{2n-min}/I_{2n}） \times Kb = （1.749/1.749） \times 1.667 = 1.667$

低压侧平衡系数：$K_{ph} = （I_{2n-min}/I_{2n}） \times Kb = （1.749/2.916） \times 1.667 = 1$

计算值与装置差动计算定值中显示的数值一致。

（3）差动保护比率制动特性曲线（如图 5-56 所示）

其中，第一段折线和第三段折线为装置固定斜率：0.1 和 0.75，第二段折线为用户

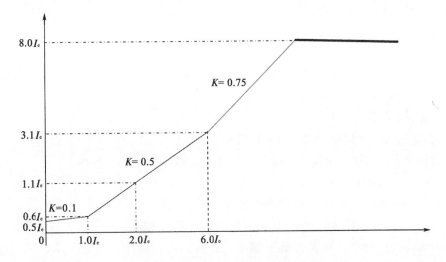

图 5-56　差动保护比率制动特性曲线

整定 $K=0.5$。

（4）差动电流和制定电流公式

高压侧差电流：$I_{ad}=I_A-I_0$，$I_{bd}=I_B-I_0$，$I_{cd}=I_c-I_0$；

低压侧差电流：$I_{ad}=(I_a-I_c)/1.732$，$I_{bd}=(I_b-I_a)/1.732$，$I_{cd}=(I_c-I_b)/1.732$

制动电流：$I_r=1/2(|I_1|+|I_2|)$

（5）校验差动启动门槛

由于 $0\sim1.0I_e$ 制动电流区间 $K=0.1$，所以差动门槛是随着制动电流增大而增大的，所以有：$0.5I_A\times0.1+0.5=I_A$，求得 $I_A=0.53(I_e)$。

① 高压侧。

• 试验仪 A 相—高压侧 A 头—高压侧 A 尾—高压侧 B 尾—高压侧 B 头—试验仪 N 相。此时模拟 AB 相间短路，由于 $I_A=-I_B$，无 I_0，所以，高压侧所加故障量参与差动电流和制定电流计算。

$I_A=0.53\times I_{e1}=0.53\times1.745=0.93A$，动作；

• 试验仪 A 相—高压侧 A 头—高压侧 A 尾—试验仪 N 相。此时模拟 A 相接地短路，减去 $1/3\times I_0$，只有 2/3 故障量参与计算。

$I_A=0.53\times1.745/(2/3)=1.395A$，动作；

• 试验仪 A，B，C 相分别通入高压侧 A，B，C 相，三相正序电流。此时模拟三相短路，无 I_0，全部故障量参与计算。

$I_A=I_B=I_C=0.53\times1.745=0.93A$，动作。

② 低压侧。

• 单相：$I_a=0.53\times1.732\times I_{e2}=0.53\times1.732\times2.915=2.68A$。

• 两相：a 头进，c 头回，ac 尾短接。通入单相的 1/2。

• 三相：$I_a=I_b=I_c=0.53\times I_{e2}$。

（6）校验比率制动系数（$K=0.5$）

高：A 进 B 回，低：AN。

由特性曲线取两点：

第一组：$I_{r1} = 1.0I_e$，$I_{d1} = 0.6I_e$

$(I_1 + I_2) \times 1/2 = 1.0$，$I_1 - I_2 = 0.6$

求解：$I_1 = 1.3$，$I_2 = 0.7$

I_1 有名值：$1.3 \times 1.745 = 2.7A$

I_2 有名值：$0.7 \times 1.732 \times 2.915 = 3.53A$

试验仪 A 相：2.7A，0°；B 相：4.0A，180°，降至 3.53A，动作。

第二组：$I_{r1} = 2.0I_e$，$I_{d1} = 1.1I_e$，同理。

（7）复压闭锁过流保护（以高压侧过流一段为例）

① 对于控制字"过流保护经 III 侧复压闭锁"的理解。

置 1 时，高压侧电压正常、低压侧电压开放，可以动作；置 0 时，高压侧电压正常、低压侧电压开放，不能动作；

② 对于控制字"TV 断线保护投退原则"的理解。

• "TV 断线保护投退原则"置 1，过流保护经 III 侧复压闭锁置 1，高压侧 TV 异常，低压侧电压正常，保护不动。当低压侧电压开放时，保护动作，相当于保护有条件退出。

• "TV 断线保护投退原则"置 1，过流保护经 III 侧复压闭锁置 0，只要高压侧 TV 异常，无论低压侧电压是否开放，保护不动，相当于保护完全退出。

3. BP-2B 母线保护调试方法

① 区外故障：I 母元件和母联同相，与 II 母元件反相。对于一母区外和二母区外都适合。

② 一母故障：I 母和 II 母元件同相，与母联反相。

③ 二母故障：I 母和 II 母元件同相，与母联同相。

（1）大差比率制动系数校验，其特性曲线如图 5-57 所示（母联合位校高值，母联分位校低值）。

BP-2B 母线保护一次系统图如图 5-58 所示。解题思路：在 I 母通入大小相等、方向相反的两路电流 L3，L5，用来提供制动电流，这两条线路电流大小相等，方向相反，不提供差流。在 II 母上通入 L2，此时：$I_R = L3 + L5 + L2$，$I_D = L2$，$I_R - I_D = L3 + L5$，横坐标固定。当 L3 + L5 = 5A，求得 $I_D = 2.5A$；L3 + L5 = 6A，求得 $I_D = 3.0A$。

试验方法：$I_A = L3$，$I_B = L5$，$I_C = L2$，L3 和 L5 置 I 母，L2 置 II 母。

• L3 = L5 = 2.5，反相；L2 预设 2.0A，上升至 2.5A 左右，II 母差动保护；

• L3 = L5 = 3.0，反相；L2 预设 2.5A，上升至 3.0A 左右，II 母差动保护。

计算 K 值，与整定 K 值相符。

（2）A 断线闭锁差动逻辑（控制字投入）。

定值设置：差动保护定值 2.0A，TA 断线定值 2.0A。

试验接线：$I_A = $ 母联，$I_B = $ I 母元件，$I_C = $ II 母元件，电压加至 I 母电压通道，模拟非母联元件 TA 断线。

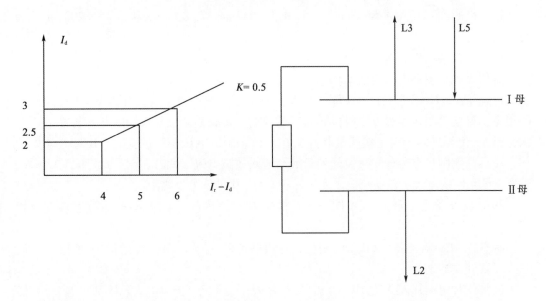

图 5-57 BP–2B 母线保护比率制动特性曲线   图 5-58 BP–2B 母线保护一次系统图

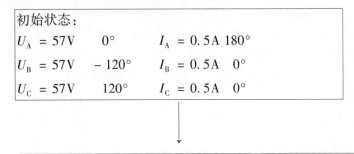

缓慢升三相电流至 2.1A，延时 9s 后 "TA 断线" 灯亮（因为试验仪三相电流分别通入不同的三个间隔的同一相内，另两相均不电流，所以延时 9s 后会报 TA 断线）。此时再降电压，I 母差动元件不动作，说明元件 TA 断线闭锁差动保护有效。

母联 TA 断线：不受 "TA 断线闭锁差动" 控制字影响。仅在母联支路任一相加 2.1A 电流，装置马上报 "互联"，此时大差为 0，I 母小差和 II 母小差都是 2.1A，即不封母联 CT。此时再在任一母线元件加 2.1A 电流，只要满足大差就跳两母。

（3）母联失灵保护逻辑

定值设置：差动定值 2.0A，母联失灵过流定值 3.0A，母联失灵延时 2.0s。

试验接线：I_A = 母联，I_B = I 母，I_C = II 母。母联开关始终置合位。开入 A 接 II 母动作接点，开入 B 接 I 母动作接点。

状态 1：$I_A = I_B = I_C = 1.05A$ 同相位；模拟 II 母区内故障，由开入 A 翻转进入下一状态。

状态 2：$I_A = I_B = I_C = 3.5A$ 同相位，继续通入故障，由开入 B 结束本状态。此状态，I_B 电流必须大于差动定值，因为母联开关始终在合位，II 母动作后母联 CT 已封，I 母小差只能由 I_B 提供。

试验仪时间：开入 A 为 45ms，开入 B 为 2047ms。$T_B - T_A = 2047 - 45 = 2002$ms，为母联失灵延时。

（4）母联合位死区逻辑

定值设置：差动电流定值 2.0A。

$I_A = $ 母联，$I_B = $ Ⅰ 母，$I_C = $ Ⅱ 母，开入 A = Ⅱ 母元件跳闸接点，开入 B = Ⅰ 母元件跳闸接点，母联跳闸接点给母联跳位开入。试验前，母联跳合位开入均断开，装置报"开入异常"，但无影响，装置默认母联开关在合位，不影响试验。试验时，Ⅱ 母差动先动作，由母联跳闸接点给母联跳位开入，继续通入故障电流，此时，满足封母联 CT 条件，只要 Ⅰ 母元件电流大于差动定值，死区保护动作，Ⅰ 母就可以跳闸。

状态 1：$I_A = I_B = I_C = 1.2$A 同相位；模拟 Ⅱ 母区内故障，开入 A 翻转进入下一状态。

状态 2：$I_A = I_B = I_C = 2.1$A 同相位；封母联 CT，$I_B > 2.0$A，死区保护动作跳 Ⅰ 母，开入 B 停止本状态。

试验仪时间：开入 A 为 19ms，开入 B 为 97ms，时差大于 50ms 死区延时。

注 1：如果可以实际传动母联开关，则不用母联跳闸接点给母联跳位开入，试验前将母联开关合上，投入母联跳闸压板，其他试验事宜相同。

注 2：上述试验方法是模拟 Ⅰ 母死区（T_A 靠近一母，开关靠近二母），如果模拟 Ⅱ 母死区，两个状态中母联极性与两元件的极性相反即可。

注 3：母联失灵和母联合位死区的区别：仅是封母联 CT 的逻辑不同。

母联失灵时，Ⅱ 母动作后，母联开关在合位、有流，经失灵延时封 CT 后 Ⅰ 母动作；

母联合位死区时，Ⅱ 母动作后，母联开关在跳位、有流，经 50ms 延时封 CT 后 Ⅰ 母动作。

（5）母联分位死区逻辑

逻辑说明：投入"分列运行"压板后，直接封母联 CT，此时非母联元件电流只要大于差动定值就可以动作。

试验接线：$I_A = $ 母联；$I_B = $ Ⅰ 母；开入 A = Ⅰ 母跳闸接点。试验前投入分列运行压板，不能用实际跳位。

状态 1：$I_A = I_B = 2.5$A 同相位，开入 A 停止故障。

显示：Ⅰ 母差动动作，开入 A：$20 \sim 40$ms（差动动作固定时间）。

注：在 Ⅰ 母和母联加同相位电流，模拟 Ⅰ 母死区；在 Ⅱ 母和母联加反相位电流，模拟 Ⅱ 母死区。

（6）充电保护动作后母联失灵保护动作逻辑（充电 200ms 期间闭锁母差）

前提：由 Ⅰ 母通过母联向 Ⅱ 母充电，充电定值 1A，充电延时 0.01s，差动定值 2A，母联失灵电流定值 3.0A，母联失灵延时 2s，充电时闭锁母差保护。$I_A = $ 母联，$I_B = $ Ⅰ 母元件，开出 A = 母联合位（X9 - 1，132），开出 B = 母联跳位（X9 - 2，130），公共端短接在 X11 - 1（开入正电），开入 A = 母联跳闸接点，开入 B = Ⅱ 母跳闸接点，开入 C = Ⅰ 母跳闸接点。

状态 1：$I_A = I_B = 0$A，开出 A 断开，开出 B 闭合，状态保持时间和接点保持时间都是 3s

（此状态给母联实际跳位开入 3s 的充电前状态，可复归开入异常信号）。

状态 2：$I_A = I_B = 3.0A$，同相位。开出 A 闭合，开出 B 断开，状态保持时间和接点保持时间都是 3s。开入 A，B，C 都选择或门。开入量翻转判别条件：以上一个状态为参考。

试验仪返回时间：开入 A 为 13ms（母联充电时间），开入 B 为 210ms（II 母差动时间），开入 C 为 2013ms（I 母差动时间）。

此状态逻辑动作行为：母联由分到合瞬间，充电保护动作。0 时刻到 200ms 之间闭锁母差。200ms 后开放母差，大差 $I_D = 3.0A$，II 母小差仅为母联电流也满足，所以 II 母差动瞬时动作。充电动作后延时 2s 后，封母联 CT，I 母动作。

由图 5-59 清晰可见：

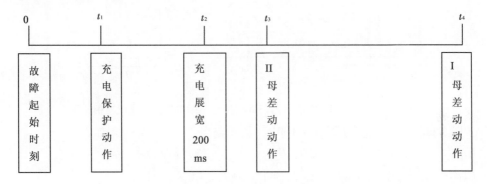

图 5-59 充电保护动作后母联失灵保护动作时序图

$0 \sim t_1$：充电保护动作延时，由开入 A 返回，13ms。

$0 \sim t_2$：充电保护固定展宽，200ms，在此期间内，闭锁差动。

$t_2 \sim t_3$：开放差动，母联 CT 仍计入小差，所以 II 母母差动作。

$t_1 \sim t_4$：充电保护动作、母联开关合位、有流，走母联失灵延时后，封母联 CT，I 母差动动作。

（7）母联始终置跳位时，校验充电保护闭锁母差逻辑

定值设置：充电定值 1.0A，充电延时 0.1s，差动定值 2.0A，$I_A = $ 母联，$I_B = $ II 母元件，母联开关始终跳位。

试验：$I_A = 3.0A$，$I_B = 3.0A$，同相位，故障保持时间 200ms。

充电退母差：充电保护 0.1s 动作。

充电投母差：$0 \sim 50ms$ 内，充电预合，大差 3.0A，I 母小差（仅母联电流）3.0A，II 母小差 6.0A，所以 I，II 母差动和充电保护都动作。

逻辑说明：在 $0 \sim 50ms$ 之间，装置自动将母联置合位，此时母联 CT 计入小差，所以上述情况差动保护能动作。

过了 50ms 之后，按母联实际位置判别。

（8）复压闭锁元件定值校验（手动方式）

定值设置：低电压 70V（线电压），负序电压 10V（相电压）。

① 校验 U_{BC} 低电压定值（要求不能同时满足负序开放条件）。

两相短路时，$U_{BCmM} + 2U_{2线} = 100V$，见图 5-60。

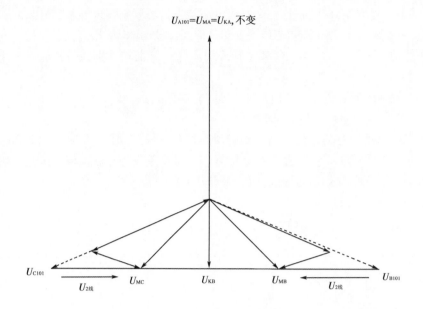

图 5-60 系统发生 BC 相间故障时母线处三相电压、负序电压相量图

由图 5-60 可知，$U_{MBC} + 2U_{2线} = 100V$，且不输出 $3U_0$，推导过程如下：

$U_{B101} = U_{C101} = U_{C101} = U_{KA} = U_{MA} = U_{1MA} + U_{2MA}$（绝对值和）；

$U_{MB} = U_{1MB} + U_{2MB}$（矢量和）；$U_{MC} = U_{1MC} + U_{2MC}$（矢量和）

$3U_0 = U_{MA} + U_{MB} + U_{MC} = U_{KA} + U_{KB} + I_{bZ} + U_{KC} + I_{cZ} = U_{KA} + U_{KB} + U_{KC} + I_{bZ} - I_{bZ} = 0$。

定值 $U_{2相} = 10V$，得 $U_{2线} = 17.32V$；$U_{线} = 70V$。

可取 $U_{MBC} = 68V$，此时 $U_{2线} = （100 - 68）/2 = 16 < 17.32$，可保证只开放低电压，负序、零序不开放。

由 $U_{MBC} = 68V$，$U_{KB} = U_{KC} = 57.7/2$，设 U_{MA} 角度为 0°，可求得 U_{MB} 和 U_{MC} 的幅值和角度。

状态 1：输入正常三相电压，复压元件不开放。

状态 2：输入上述计算电压，低电压元件开关。

校验低电压 1.05 倍和负序电压开放条件计算方法同上。

（9）校验比率制动系数试验方法总结

系数类型	支路数量	试验方法
大差高值	3 个支路	母联置合位，I 母两支路电流大小相等、方向相反，提供固定的横坐标。II 母提供一支路
	2 个支路	母联置合位，I 母一支路，II 母一支路，方向相反，至少有一支路电流大于差动启动门槛
大差低值	3 个支路	母联置分位，I 母两支路电流大小相等、方向相反，提供固定的横坐标。II 母提供一支路
	2 个支路	母联置分位，I 母一支路，II 母一支路，方向相反，至少有一支路电流大于差动启动门槛

续表

系数类型	支路数量	试验方法
Ⅰ母小差	3 个支路	母联置合位，Ⅰ母支路流进，母联由Ⅱ母流向Ⅰ母，Ⅱ母支路流进。母联和Ⅱ母支路电流大小相等，方向相反。降低Ⅰ母支路电流。此时也在校验大差高值
	2 个支路	母联置分位，Ⅰ母两支路，方向相反。一定是先满足大差，再满足小差

① 使用两个支路校验小差比例制动系数或大差高值，前提母联开关置合位（$K = 2$）。

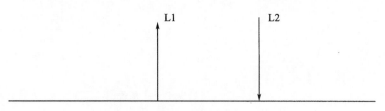

图 5-61　母线保护一次系统图 （一）

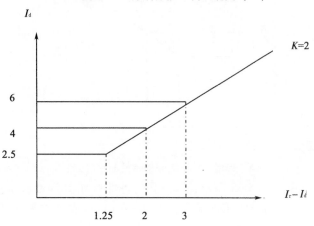

图 5-62　母线保护比率制动特性曲线 （一）

思路：在同一条母线上加 L1 和 L2 电流方向相反，固定 L2 （较小值），调整 L1。由图 5-61 可知：

$I_r = I_1 + I_2$；$I_d = I_1 - I_2$；$I_r - I_d = 2I_2$ （固定不变），$(I_1 - I_2)/2I_2 = 2$，求得 $I_1 = 5I_2$；令 $I_2 = 1$ 时，$I_1 = 5$ 动作；$I_2 = 1.5$，$I_1 = 7.5$ 时动作，如图 5-62 所示。

如果使用两个支路校验大差低值 （$K = 0.5$），母联开关置分位。如果使用两个支路校验大差高值 （$K = 2$），母联开关置合位，方法类似下面。

在两条母线上分别通入 L1 和 L2，方向相反，如图 5-63 所示。需满足 $(I_1 - I_2)/[(I_1 + I_2) - (I_1 - I_2)] = 0.5$，化简为：$I_1 = 2I_2$，$I_1 > 2.5$，$I_2 > 2.5$。

令 $I_2 = 3$，$I_1 = 6$ 时，$I_R - I_D = 9 - 3 = 6$，$I_D = 3$，满足大差，同时一母和二母小差都满足，如果只让一条母线动作，则另一条母线加正常电压闭锁，如图 5-64 所示。如果想让电流不满足差动动作条件，则此题无解。因为既要满足 $2I_2 > 5$，又要满足 $I_2 < 2.5$，所以无解。

L1

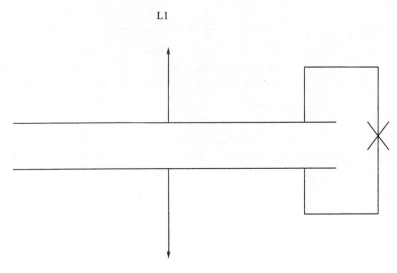

图 5-63　母线保护一次系统图（二）

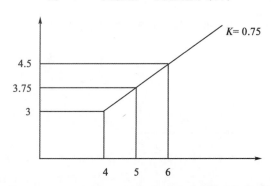

图 5-64　母线保护比率制动特性曲线（二）

母线保护一次系统图如图 5-65 所示，其动作特性曲线如图 5-66 所示。

如果是校验高值，因为大差比例制动等式已改变，可以满足一条母线动作，另一条母线不动作。

② 模拟 Ⅰ 母故障校验小差比率制动系数（或校验大差比率制动系数高值），要求使用三个支路电流验证。

只需满足第一组：$I_2 - I_1 = 1$，$I_2 + I_1 - (I_2 - I_1) = I_2 - I_1$；第二组：$I_2 - I_1 = 2$，$I_2 + I_1 - (I_2 - I_1) = I_2 - I_1$

求解：第一组：$I_1 = 0.5$，$I_2 = 1.5$；第二组：$I_1 = 1$，$I_2 = 3.0$。

实际上，这种接线在校验 Ⅰ 母小差的同时也在校验大差高值。因为令 Ⅱ 母支路和母联支路的电流大小相等，方向相反。所以上述两组方程既适用于 Ⅰ 母小差，又适用于大差高值。

试验方法：I_A（母联）$= 1.5A \angle 180°$，I_B（Ⅱ 母支路）$= 1.5A \angle 0°$，I_C（Ⅰ 母支路）$= 0.8A \angle 180°$。逐渐降低 I_C，增大差流，降至 0.5A 动作；第二组同理。

③ 三个支路校验小差（假设启动值为 2.5，K 高值为 2）。

一条母线通入两个支路，方向相同，大小相等（分别为 I_A），都是流进一母；第三个支路为母联（I_B），流出一母。

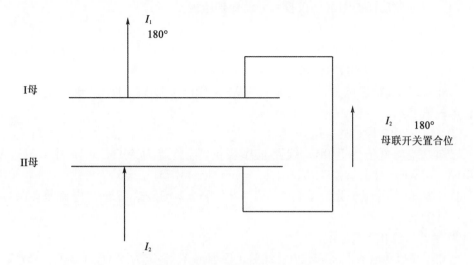

图 5-65　母线保护一次系统图（三）

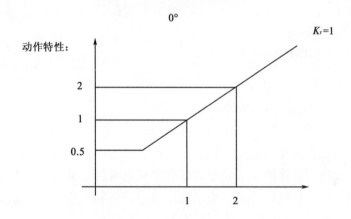

图 5-66　母线保护比率制动特性（三）

需要满足：

$2I_A - I_B > 2.5$；

$(2I_A - I_B) / [(2I_A + I_B) - (2I_A - I_B)] = 2$；

$I_B < 2.5$；

整理得：$2I_A = 5I_B$；$0.625 < I_B < 2.5$

可取 $I_B = 1$，$I_A = 2.5$；$I_B = 2$，$I_A = 5$。

④ 三个支路如图 5-67 所示（包括非母联 2 个支路和母联支路），校验大差高值。

需要满足：$I_A - I_C > 2.5$；$(I_A - I_C) / [(I_A + I_C) - (I_A - I_C)] = 2$，$I_A + I_B > 2.5$，$I_B + I_C < 2.5$。

整理得：$I_A = 5I_C$，$I_C > 0.625$，$I_A + I_B > 2.5$，$I_B + I_C < 2.5$。

数据 1：$I_C = 1$，180°；$I_B = 1$，180°；$I_A = 5$，0°；

数据 2：$I_C = 1.2$，180°；$I_B = 1$，180°；$I_A = 6$，0°；

4. RCS - 931B 线路保护调试方法

（1）纵联差动保护调试（仅投入差动保护压板）

① 稳态差动一段：$I_{cd} > I_H$。

已知：差动高值为 6.0A，线路正序容抗 X_{C1} 整定为 50Ω，可求得 $4U_N/X_{C1} = 4.616A$，$I_H = \max$ ｛高值，$4U_N/X_{C1}$｝$= \max$｛6，4.616｝$= 6$。

自环方式：《整组试验》单侧通入 $3.0 \times 1.05 = 3.15A$，21ms "电流差动保护" 动作，单跳单重。

② 稳态差动二段：$I_{cd} > I_M$。

已知：差动低值为 5.0A，线路正序容抗 X_{C1} 整定为 50Ω，可求得 $1.5U_N/X_{C1} = 1.731A$，$I_M = \max$ ｛低值，$1.5U_N/X_{C1}$｝$= \max$｛5，1.731｝$= 5$。

自环方式：《整组试验》单侧通入 $2.5 \times 1.05 = 2.625A$，47ms "电流差动保护" 动作，单跳单重。

③ 零差一段和零差二段：

已知零序启动电流 $I_{QD0} = 1.0A$，线路正序容抗 X_{C1} 整定为 50Ω，$U_N/X_{C1} = 57.7/50 = 1.154$，$0.6 \times U_N/X_{C1} = 1.154 \times 0.6 = 0.6924$，$0.5 \times U_N/X_{C1} = 1.154 \times 0.5 = 0.577$，$I_L = \max$（IQD0，$0.6 \times U_N/X_{C1}$）$= \max$（1.0，0.6924）$= 1$。

自环方式：《状态序列》

状态 1：动作时间 103ms。

$U_A = 57.7V$ $0°$；	$I_A = 0.5 * U_N/X_{C1}$ $90°$
$U_B - 57.7V$ $-120°$；	$I_B = 0.5 * U_N/X_{C1}$ $-30°$
$U_C = 57.7V$ $120°$；	$I_C = 0.5 * U_N/X_{C1}$ $210°$

本状态为正常运行的电容电流，I 超前 U90°，状态时间大于 10s，使 PT 断线消失。仅投差动保护压板时不需重合闸充电时间。第二个状态中 I_A 电流值如果达不到装置启动值（电流变化量起动值和零序启动电流值），也是不能动的。真正考试的时候，可以自己修改定值。

状态 2：锦州电校零差只有一段。

$U_A = 50V$ $0°$；	$I_A = 1.05 \times$（IL/2） $-90°$
$U_B - 57.7V$ $-120°$；	$I_B = 0.5 \times U_N/X_{C1}$ $-30°$
$U_C = 57.7V$ $120°$；	$I_C = 0.5 \times U_N/X_{C1}$ $210°$

本状态为 A 相接地故障状态，I_A 落后 U_A90°，I_A 通入 I_L 电流一半的 1.05 倍。状态时间保持 300ms。其中，零差一段 120ms 动作，零差二段 270ms 动作。A 相通入 $I_L/2$ 电流的原因是在零差动作方程中要求该相的相差动电流要大于 $I_L/2$，其实零序电流是三相电流矢量和，而不是 A 相单独作用的结果。

（2）两侧联调不加电压的情况下校验零差定值和比例制动系数

定值：稳态差动低值为 3.0A，零序差动 0.5A，突变量启动值 0.8A，正序容抗 99Ω。$I_m = \max$｛3.0，$1.5U_n/99$｝$= 3A$。

当 TV 断线或容抗出错时，零序差动保护动作方程为：

$I_{cd0} > 0.75I_{r0}$；$I_{cd0} > I_{qd0}$；$I_{cd} > 0.15I_r$；$I_{cd} > I_m$

所以如果既要满足 $0.15I_r < I_{cd} < 0.75I_r$，又要满足 $I_{cd0} > 0.75I_0$，就需要在一侧 B 相或 C 相上通入与 A 相同相位的电流来补偿零序电流。分析计算如下。

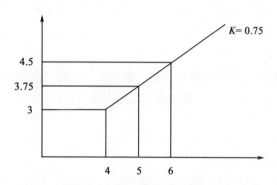

图 5-67　零差保护比率制动特征

取 $K = 0.75$ 斜线以下两点，第一点：$I_1 + I_2 = 5$，$I_1 - I_2 = 3.5$；第二点：$I_1 + I_2 = 6$，$I_1 - I_2 = 4$。

求解第二点 $I_1 = 5$，$I_2 = 1$，要满足 $I_{cd0} > 0.75 \times I_{r0}$，需要在一侧 B 相加与 A 相同相位电流，则本侧 $I_0 = I_a + I_b$。因此有下面方程：$(5 + I_b - 1) / (5 + I_b = 1) = 0.77$，求得 $I_b = 2.7A$。

通入 $I_a = 5.0A$，0°；$I_a' = 1.0A$，180°；$I_b = 2.7A$，可以满足上述方程，零差保护动作。

校验零差比率制动系数 $K = 0.75$。

第一点 $I_1 = 4.25$，$I_2 = 0.75$；第二点 $I_1 = 5$，$I_2 = 1$，有 $(4.25 + I_b - 0.75) / (4.25 + I_b + 0.75) = 0.75$；$(5 + I_b - 1) / (5 + I_b + 1) = 0.75$。计算值 $I_b1 = 1$，$I_b2 = 2$。

实测 $I_{b1} = 1.5$，$I_{b2} = 2.5$。

求得 $I_{cd01} = 5$　$I_{r01} = 6.5$；$I_{cd02} = 6.5$　$I_{r01} = 8.5$。

$K = (6.5 - 5) / (8.5 - 6.5) = 0.75$ 正确。

（3）工频变化量距离保护调试（手动方式，仅投入距离保护压板）

故障前输出正常工作电压 26s，保证 PT 断线消失和重合闸充电良好。

故障状态：电流固定，一般取 $I_N = 5A$。但模拟相间故障时 $I = 5$ 可能会导致 $U < 0$，此时可将 I 大一些，目的是保证模拟故障电压在 $0 \sim U_N$ 范围内。

单相接地：$U = (1 + K) I \times Z_{set} + (1 - 1.05m) \times 57.7V$；$U_A$ 和 I_A 角度为正序灵敏角 78°。

相间故障：$U = 2I \times Z_{set} + (1 - 1.05m) \times 100V$。角度设置：$U_A$ 为 0 度，U_B 为 -120°，I_A 为 $(30 - 78)°$，I_B 为 $(30 - 78 + 180)$。

当 $m = 1.1$ 时，应可靠动作；$m = 0.9$ 时，可靠不动作；$m = 1.2$ 时，测量动作时间。

（4）接地距离和相间距离保护调试（手动方式，仅投入距离压板）

单相接地：$U = (1 + K) \times I \times Z_{set} \times$ 可靠系数。

两相短路：$U = 2 \times I \times Z_{set} \times$ 可靠系数。

三相短路：$U = I \times Z_{set} \times$ 可靠系数。

（5）零序方向过流保护调试（手动方式，仅投入零序压板）

故障前 26s，重合闸充电良好；

故障电压 30V，故障电流 $1.05 \times I_{0zet}$，零序灵敏角，动作；

故障电压 30V，故障电流 $0.95 \times I_{0zet}$，零序灵敏角，不动作；

故障电压 30V，故障电流 $1.05 \times I_{0zet}$，零序灵敏角 $+180°$，不动作。

（6）差动保护逻辑

① TA 断线闭锁差动置 1，三相均闭锁；置 0，三相均使用"TA 断线差流定值"。

定值：高值 4A，低值 3A，TA 断线差流定值 5A，自环方式，"TA 断线闭锁差动"置 0。

状态 1：三相正常电压，$I_A = 0.9$，$I_B = 0.9$，$I_C = 0$，I_A 和 I_B 分别滞后同名相电压 $30°$，模拟正常运行状态 C 相断线。

状态 2：$U_A = 10V$，U_B 和 U_C 仍为正常电压，$I_A = 2.6A$ 滞后 $U_A 78°$，I_B 和 I_C 保持状态 1 量值，模拟 A 相故障。

此时电流差动保护动作，当状态 2 中 $I_A = 2.4A$，保护不动作。

② 一侧开关断开，但有压，另一侧模拟零差，可以动作，但定值不准，逻辑没搞清楚。

③ 整定：M 侧 TA 变比定值为 K_m，二次额定电流为 I_{Nm}；N 侧 TA 变比定值为 K_n，二次额定电流为 I_{Nn}。

M 侧加电流 I_1 时，N 侧显示的对侧电流（或只 M 侧加电流的差流显示）为：$I_1 \times K_m \times I_{Nn} / (I_{Nm} \times K_n)$。

N 侧加电流 I_1 时，M 侧显示的对侧电流（或只 N 侧加电流的差流显示）为：$I_1 \times K_n \times I_{Nm} / (I_{Nn} \times K_m)$。

④ 模拟线路空充时故障或空载运行时发生故障：N 侧开关分位，M 侧合位，在 M 侧模拟故障，M 侧动，N 侧不动。

⑤ 模拟弱馈功能：N 侧开关合位，主保护投入，加正常三相电压均 34V（小于 $65\% U_n$ 并且大于 TV 断线告警电压 33V），装置没有"TV 断线"告警信号，M 侧开关合位，在 M 侧模拟故障，故障电流大于差动保护定值，M，N 侧差动保护均动作跳闸。

⑥ 仅投差动保护时，TV 断线，只有当重合闸投不检定的时候才能充电，如果重合闸投检无压或检同期，那么 TV 断线时一样不能充电。当差动保护退出或通道异常时，不管哪一种重合方式，TV 断线都要放电。

（7）距离保护逻辑

① 校验负荷限制电阻定值：

设正序灵敏角 $60°$，相间偏移角 $0°$，令相间距离三段定值等于负荷限制电阻定值的两倍，此时负荷限制线与 R 轴的交点也正好是相间距离三段在 R 轴的交点。模拟三相短路相间距离三段，0.95 动作，1.05 不动。

② 三相合闸后加速有两种逻辑途径：

• "投三重加速 II 段距离"和"投三重加速 III 段距离"任一置 1 时，延时 25ms 距离后加速动作，分别加速接地或相间距离 II、III 段，并且不受"投接地相间距离 II、III

段"控制字控制；

• "投三重加速 II 段距离"和"投三重加速 III 段距离"都置 0，故障量小于接地或相间距离二段时，延时 36ms 距离后加速动作，受"投接地相间距离 II、III 段"控制字控制。

注：上述情况为"电压接线路 TV"控制字置 0 的情况，如果置 1，再增加 25ms 延时。

③ 单重加速时，故障量必须小于接地或相间距离 II 段定值，延时 36ms 距离后加速动作，受"投接地相间距离 II 段"控制字控制。即单重只能加速距离二段。

注：上述情况为"电压接线路 TV"控制字置 0 的情况，如果置 1，再增加 25ms 延时。

（8）零序保护逻辑

① I_{04} 跳闸后加速控制字置 1 时：保护第一次跳闸（A 相）后，只要装置未复归，当零序电流大于 I_{04} 定值（B 或 C 相）时，I_{04} 加速跳闸，跳闸时间比 I_{04} 固定延时缩短 500ms，这期间不管重合闸是否重合都没关系。

注：第一次故障相和第二次故障相不应该为同一相别。

② 模拟单相接地故障，单重方式，保护单跳单重后再加速跳闸（满足零序过流加速段定值），延时 60ms，实测 76ms。

模拟单相接地故障，三重方式，保护三跳三合后再加速跳闸（满足零序过流加速段定值），延时 100ms，实测 116ms。

手合于故障时，当满足零序过流加速段定值时，也是延时 100ms 跳闸。

9. 重合闸逻辑

① 检无压：线路电压小于 30V（且不报异常）或母线最大相电压小于 30V，满足检无压条件。

② 检同期：当正常运行时，U_X 与 U_A 同相位，那么在检同期时，需要满足 $U_X > 40V$，$U_A > 40V$，且 U_X 和 U_A 满足角差才重合，正常运行时，U_X 是 100V 还是 57V 无所谓。

当正常运行时，U_X 与 U_B 同相位，那么在检同期时，需要满足 $U_X > 40V$，$U_B > 40V$，且 U_X 和 U_B 满足角差才重合，正常运行时，U_X 是 100V 还是 57V 无所谓。

（10）通道设置

"专用光纤"控制字置 1 时，一主一从：通道正常；两个主时钟：通道报警；两个从时钟：通道报警。

保护的启动方式：相电流差突变量启动；零序电流启动；不对应启动。

当相电流差突变量和零序电流都不能启动时，开关 A 相跳闸，此时 B，C 相差动保护可以动作。

（11）重合闸后零序电流保护的动作行为

① RCS931A。

重合闸后 200ms 之内投入零序加速段、零序三段，退出零序二段。200ms 以后退出零序加速，投入零序二段。

当重合后立即通入零序二段定值，零序二段动作时间为整定延时 +200ms。

当重合后立即通入零序三段定值，当 I_{03} 跳闸后加速置 1，零序三段动作时间整定延时 -500ms；当置 0，走正常延时。

即使在 200ms 之内也能按照上述时间动作。

② RCS931B。

重合闸后 200ms 之内投入零序加速段、零序三段和四段，退出零序一段和二段。200ms 以后退出零序加速，投入零序一段和零序二段。

当重合后立即通入零序一段或二段定值，零序一段或二段动作时间为整定延时 + 200ms。

当重合后立即通入零序三段定值，零序三段动作时间走固定的整定延时，200ms 之内也有效。

当重合后立即通入零序四段定值，当 I_{04} 跳闸后加速置 1，整定延时 -500ms；置 0，走固定的整定延时。200ms 之内也有效。

三、保护装置标准化调试联系

依照附录完成标准化作业。

第六章 二次回路故障排查

一、母差保护题目类型及故障点设置类型

1. 母差故障排查题目

① 运行方式：模拟间隔 L9，L11 合于 Ⅱ 母；L10，L12 合于 Ⅰ 母，其余间隔退出运行，CT 变比：

      L9：1200/5

      L10：2400/5

      L11：600/5

      L12：600/5

      L1：1200/5

② 检验 L1，L9，L10，L11，L12 间隔的采样刻度。

③ 用一母上两个间隔校验小差比率系数值。

④ 用一母 L10、二母 L11、母联 L1 三个间隔，模拟一母 L10 外部故障，L10 的 TA 饱和引起一母差动动作，校验大差比率系数高值。

⑤ 母联开关处于分闸状态，用一母 L10，L12，二母 L9，L11 模拟一母线区外故障，因 L12 的 TA 饱和引起一母差动动作，校验大差比率系数低值。

⑥ 用 L12 校验 Ⅰ 母 B 相区内故障时差动保护动作门槛。

⑦ 用 L9，L10，L12 使一母动作、二母不动作，校验大差比率系数高值（做两个点）。

⑧ 用 L9，L11，L12 使一母不动作、二母动作，校验大差比率系数低值（做两个点）。

⑨ 用 L1，L9，L10，L11，L12 间隔模拟母联 TA 位置靠 Ⅱ 母侧时，母联 TA 和母联开关之间发生 C 相区内故障，验证母线并列运行时死区保护逻辑。

⑩ 用微机试验仪状态序列菜单及模拟开关，检验充电保护逻辑，测试充电保护动作时间。

⑪ 检验母联失灵保护逻辑，测试母联失灵保护动作时间。

⑫ 用微机试验仪设计一个检查主变失灵解闭锁逻辑的试验程序。

⑬ 完成实验报告，附实验原始记录、定值清单、故障报告。

2. 可能设置的故障点

表 6-1

序号	现象	故障原因	排除方法
1	保护电源灯、保护运行灯、保护信讯灯不亮（定值均显示为0，间隔CT变比均变为50/5）	差动电源未接通	1. 电源插件1差动，电源船型开关被断开； 2. X1端子排1ND9-1或1ND9-2被断开或绝缘
2	闭锁电源灯、闭锁运行灯、闭锁通信灯不亮，电压开放灯也不亮	闭锁电源未接通	1. 电源插件1闭锁，电源船型开关被断开； 2. X1端子排1NU9-1或1NU9-2被断开或绝缘
3	管理电源灯不亮	管理电源未接通	1. 电源插件2管理电源船型开关被断开； 2. X1端子排1NU10-1或1NU10-2被断开或绝缘
4	操作电源灯不亮，电压开放灯不亮，所有报警灯也均不亮	出口电源未接通	1. 电源插件2出口电源船型开关被断开； 2. X1端子排1ND10-1或1ND10-2被断开或绝缘
5	模拟盘刀闸指示灯均灭，液晶中主画面中的各刀闸也为分位	模拟盘的电源消失	1. 模拟盘电源船型开关被断开； 2. X1端子排1N010-1或1N010-2被断开或绝缘
6	装置报"互联"	1. 某支路刀闸双跨	端子排处该支路两母线刀闸开入被短接或误与其他支路刀闸位置开入短接，特别注意用装置动作接点进行刀闸位置开入，此时将无法选择故障母线
		2. 互联硬压板误投入或被短接	检查压板
		3. 参数—保护控制字：强制母线互联置投	修改控制字
		4. 母联支路某一相断线，小差动作而大差不动作9s延时后报	检查母联支路断线相电流回路：端子排和电流插件背板
		5. 某支路两刀闸位置被强制整定为合	观察液晶主接线图哪一支路两刀闸为强制合（刀闸标志为实心方框连接），然后进入参数—运行方式设置—选择该间隔，修改为自动。如果被强制整定为断开，则主接线图上显示实心方框断开

续表6-1

序号	现象	故障原因	排除方法
7	装置报"开入异常"	1. 某支路无刀闸位置开入，但该支路有电流（此时有大差，无小差），延时5ms报"开入异常"	检查刀闸位置开入是否与其他支路接串或绝缘
		2. 母联开关常闭和常开接点同时无开入或同时都有开入，此时报"开入异常"，默认合位	1. 母联常开接点对应1N009 – 132； 2. 母联常闭接点对应1N009 – 130； 3. 母联开关、解电压闭锁及各间隔刀闸开入正电源均来自X1 – 20 开关量电源； 4. 母联开关位置、解电压闭锁、各间隔刀闸位置等强电开入负电均为1N001 – 020 接至X1 – 22 开关量负电源； 5. 1N3 – 008 为GPS对时负电
		3. 母联开关为合位（常开接点有开入），误投入或短接"双母分列运行"硬压板，瞬时报	检查"双母分列运行"压板是否被短接
		4. 某支路无电流输入，但失灵启动接点有开入（前提该支路失灵启动压板必须投入）	检查该支路失灵开入是否被短接
		5. 主变失灵解电压闭锁有开入（前提主变解闭锁硬压板必须投入）	检查失灵解电压闭锁开入是否被短接
8	复归按钮不好使	按钮无开入正电	1. RT – 23 接入X18 端子排（ + 24V 公共端）被断开或绝缘； 2. X18 端子排中1N010 – 4 总24V 电源被断开或绝缘；
9	保护功能切换把手不好使	把手无开入正电	1. QB – 6 接入X18 端子排（ + 24V 公共端）被断开或绝缘； 2. X18 端子排中1N010 – 4 总24V 电源被断开或绝缘；
10	功能压板投退不好使	压板无开入	1. 各功能压板开入接入X18 端子排时被断开或绝缘； 2. X18 端子排中1N010 – 4 总24V 电源被断开或绝缘； 3. 压板下端与相邻压板接串线

续表 6-1

序号	现象	故障原因	排除方法
11	电压回路检查：通入 $U_A = 50V$，$U_B = 40V$，$U_C = 30V$，正相序。如果电压回路正常，液晶《闭锁间隔》显示三相电压幅值和相位与测试仪一致，$U_2 = 5.7V$，$3U_0 = 17.2V$		
	三相幅值和相位均有偏差，且 $3U_0 = 6.9V$	电压中性点 N 回路被断开	检查端子排或电压插件上电压 N 回路是否与另一段母线接串或绝缘处理
	某两相幅值与测试仪输入恰好相反	该两相电压通道接反	检查端子排、空开或电压插件上该两相电压接线是否接反
	某相电压为零	该相电压回路被断开	检查端子排或电压插件上该相电压是否被断开或绝缘处理
	一母加电压，二母也有显示	电压回路被误并接	检查端子排或电压插件误显示电压的那一相是否被并接
12	某支路电流回路检查：前提电压回路已正确。预设一相位基准—以一母 U_A 电压为基准。通入 $U_A = 57V \angle 0°$，$U_B = 57V \angle -120°$，$U_C = 57V \angle 120°$；$I_A = 1A \angle 0°$，$I_B = 2A \angle 0°$；$I_C = 3A \angle 0°$。若该支路电流回路正常，则液晶《保护间隔》该支路间隔显示三相电流幅值与测试仪一致，三相电流相位均为 $0°$（或 $360°$）		
	某相电流为零，同时测试仪该相报开路	该相电流回路被断开	检查端子排或电流插件上该相电流的头或尾是否与其他支路接串或绝缘处理
	某相电流幅值正确，相位为 $180°$	该相电流极性错误	检查端子排或电流插件上该相电流的头或尾是否接反
	某两相幅值与测试仪输入恰好相反	该两相电流通道接反	检查端子排或电流插件上该两相电流接线是否接反
	某两相幅值与测试仪输入相比均减少	该两相电流通道被短接	检查端子排或电流插件上该两相电流的头或尾接线是否被短接

续表 6-1

序号	现象	故障原因	排除方法
13	差流显示不正确	基准 CT 变比选择错误（自动选择最大变比）	各支路（包括备用间隔）变比整定错误
		各支路刀闸位置与题目不符	此故障点应在通入电气量之前已排除
		各支路之间电流存在分流（单独校验各支路电流回路时不能检查出此故障点）	逐一检查各支路保护间隔电流与通入量是否相符
		大差正确，小差错误时重点检查母联间隔	检查母联间隔 CT 变比、开关位置显示或互联及分列运行压板的投退
14	母联开关不能跳闸	母联跳闸回路被断开	检查母联跳闸回路接线及出口压板
15	假设 L3 支路运行在 I 母，当模拟差保护动作母联跳闸同时装置报"互联"	跳闸出口接点误接入 L3II 母刀闸开入	母联跳闸出口接点一端接刀闸开入公共端，另一端接 L3 的 II 母刀闸位置开入

3. 母差保护二次回路故障排查试题举例

继电保护专业技能试题 BP－2B（一）（裁判用）

母线运行方式：支路 L2（2207）合于 I 母，支路 L3（2206）、L4（2208）合于 II 母，母联（2230）开关合环运行。L1，L2 支路的 TA 变比为 6000/5，其余支路的变比为 3000/5。I、II 母电压正常，各相电压为 57.7V。

屏上无任何告警、动作信号。

注意：要求试验中不允许在模拟盘强制投入刀闸位置，试验中刀闸位置一律从外端子排短接引入。

表 6-2　　　　　　　　　　　　　技能操作评分表

姓名		单位	
操作时间	09 年 7 月　日　　时　分—时　分	累计用时	分
竞赛题目	BP－2B 母差保护整组传动试验		
操作要求	单独操作，注意安全，文明操作。		

续表 6-2

	序号	项目	要求	分值	评分细则		得分	记事
评分标准	1	安措	试验前安全措施合理，全面、正确	2	1. 检查母差屏柜后 ZKK； 2. 记录压板位置； 3. 定值区号； 4. 断开 PT； 5. 短接 CT			
	2	试验接线	正确阅读端子排图、原理图，按图接线	2	连接电流输入端子			
					连接电压输入端子			
	3	校验项目 1	模拟 2 支路 B 相差动选线跳闸，校验大差比率制动系数高值	12	正确投退硬压板软压板	2		
					K 值校验正确	6		
					保护动作正确 4			
	4	校验项目 2	模拟 Ⅱ 母 3 支路差动动作选线跳闸，二母电压闭锁低电压定值要求用 UAB 校验（只校验 AB 相）	12	正确投退硬压板软压反	2		
					电压闭锁正确	6		
					选线正确	4		
	5	实验分析	打印试验动作报告	1				
	6	现场恢复	现场恢复	1				
	7		故障点		故障现象		故障排除	故障分析
		故障点 1	将 L12 刀闸单元指示灯焊开，用 X11 端子排上的公共正电同时短接 X8 端子排的 23，24 端子，同时 L5 单元 M1 与 M3 短接（在控制屏处）	10	L5 支路刀闸位置同时使一、二母灯显示亮，刀闸位置告警，使用刀闸位置确认按钮无法复归，同时 L12 用刀闸间隔状态显示，一、二刀闸同时合； 模拟任一母线故障，两母线一起跳			
		故障点 2	I 母电压在空开 UK1 上 B 相与 A 相交换；X14 端子排上 UC（3N7 – 3）和 UN（3N7 –13）对调	8	试验时电压采样不正确，相序错			

续表 6-2

		故障点		故障现象	故障排除	故障分析	
评分标准	7	故障点3	复归按钮上写有 X18-2 的线松动，不能复归信号，母联分裂运行压板被短死	8	母联开关一直保持分位影响大差系数校验，同时保护动作后复归按钮失灵。处理完后开入变位，开入异常信号复归不掉			
		故障点4	L4 支路的 B、C 两相电流相序接反 ID33 和 ID34 交换，IA 和 IN 用航空线短接 ID32 和 35 短接	10	L4 的 A、B、C 采样不对不正确，同时相位也不对			
		故障点5	三支路失灵启动接点被短死 (2B: 1S2-1S1)	6	屏上一直有开入变位，开入异常，开入变位能复归，开入异常不能复归			
		故障点6	母联单元及二支路 TA 变比设置与定值单不符	8	二支路间隔加电流采样与定值要求不符，母联电流采样也不相符			
		故障点7	母联的 IB' (ID6) 绝缘在端子排上开路（绝缘套管）	6	装置定值与定值单不符，实际运行会产生差流			
		故障点8	装置定值中 L3 支路 TA 变比为 6000/5（定值单要求 3000/5）	6	装置定值与定值单不符，实际运行会产生差流			
	8	试验报告	完成试验报告	6	总得分			

二、变压器保护题目类型及故障点设置类型

1. 变压器故障排查题目

系统参数：SE = 200MVA；电压比 220kV/66kV；高压侧 TA 变比 1200/5；

低压侧 TA 变比 2000/5，IE1 = 2.187，IE2 = 4.374。

保护定值：差动启动值：1.1A；

差动速断定值：15A；

二次谐波制动系数 0.15；

比率制动系数：0.5；

过流一段：3A；

过流二段：2A；

负序相电压定值：6V；

相间低电压定值：60V；

间隙接地零序电流：2A；

间隙零序电压：180V；

直接接地零序电流：10A。

① 检查高、低压侧交流回路。

② 差动保护比例制动系数检查实验，跳变压器各侧断路器，要求：

A. 制动电流分别为 2IE 和 3.5IE；

B. 电流加在高压侧和低压侧（高压侧 B 相区外故障）。

③ 高压侧复合电压闭锁方向过流一段的保护动作行为正常，要求：

A. 模拟高压侧 AB 相间区内外故障；

B. 校验高压侧复合电压闭锁方向过流一段的保护的所有定值。

④ 打印出一份定值单：

故障设置（1）：将打印波特率由 04800 改为 09600，同时将网络打印改为 1（干扰选手）。

选手正确的处理方式是：关闭打印机，然后按住"字体"键再开打印机，应该此时根据打印机打印出的"打印波特率参数"进行修改，否则会出现乱修改，得分减半。

⑤ 检查定值项有何错误。

装置中定值故障设置（2）：

Ⅰ侧 $TV_Ⅰ$ 原边错整为 220kV；

Ⅲ侧 $TV_Ⅲ$ 原边错整为 66kV；

Ⅰ侧一次电压错整为 127kV；

Ⅲ侧一次电压错整为 38kV；

差动定值相错整定为 0.5。

⑥ 在不了解试验仪最大输出电流及不改变差动速断定值大小的情况下采用最合理的方式校验。差动速断定值：7。

⑦ 校验零序电压定值：180V。

⑧ 校验：Ⅰ侧负序电压定值及Ⅲ侧对Ⅰ侧的开放逻辑（自选参考题一，加 10 分）

⑨ 先用理论推导出：（自选参考题二：加 10 分）

• 在高压侧通入 $I_A = I_K \angle 0°$，$I_A = I_K \angle 90°$ 实验电流，I_K 为多大时保护动作？并用实验方法验证。

• 在低压侧通入 $I_a = I_K' \angle 0°$，$I_b = I_K' \angle 120°$ 实验电流，I_K' 为多大时保护动作？再用实验方法验证。

⑩ 用实验仪器的开入作为模拟开关，做出用高后备传动高低侧开关的整组传动实验，并测出保护从开始启动到开关实际接到跳令的时间。（自选参考题三：10 分）

⑪ 校验高压侧单独通入单相（相间）故障量时使保护刚好动作的理论值及实际动作值。

⑫ 校验低压侧单独通入单相（相间）故障量时使保护刚好动作的理论值及实际动作值。

⑬ 校验差动保护第二段斜率比率制动系数值。

⑭ 用三相法【六路电流输出的试验仪】加平衡（高低压侧同时加电流使差流为零）的理论值是：

高压侧加在（　　　）相：　　　　　　　　$i_{(\ \ )} =$

低压侧加在（　　　）相及（　　　）相：$i_{(\ \ )} =$　　　　　　$i_{(\ \ )} =$

⑮ 用单相法【三路电流输出的试验仪】加平衡（高低压侧同时加电流使差流为零）的理论值是：

高压侧：$I_A =$　　　　　　　　低压侧：$i_a =$

　　　　　$I_B =$　　　　　　　　　　　　$i_b =$

　　　　　$I_C =$　　　　　　　　　　　　$i_c =$

⑯ 检验要求。

• 检查高、低压侧交流回路。

• 差动保护比率制动整组实验跳变压器各侧开关。

要求：A. 在高压侧和低压侧校验，低压侧电流加在 A 相；

　　　B. 制动电流为 $1I_E$ 的差动电流计算值与实测值；

　　　C. 制动电流为 $3I_E$ 的差动电流计算值与实测值；

　　　D. 通过实验验证 K 值。

• 高压侧复压方向过流一段保护。

要求：A. 模拟高压侧 AB 相间区内，区外故障；

　　　B. 根据实验校验低电压闭锁定值以及一段过流定值；

　　　C. 根据实验结果得出动作区。

• 高、低压侧检验比率差动制动系数。

要求：A. 在高压侧和低压侧校验，低压侧电流加在 B 相；

　　　B. 在高压侧和中压侧校验，电流加在 C 相；

　　　C. 制动电流为 $2I_E$ 和 $4I_E$ 的差动电流计算值与实测值；

　　　D. 通过实验验证 K 值。

• 校验高压侧零序方向一段过流的方向边界。

要求：A. 模拟高压侧 B 相接地区内、区外故障；

　　　B. 根据实验结果得出动作区。

• 检查高、中、低压侧电流，电压回路的正确性。

• 差动保护比率制动整组实验，跳变压器各侧断路器。

要求：A. 在高压侧和低压侧检验，低压侧电流加在 A（或 B，C）相；

　　　B. 制动电流为 $1I_e$ 的差动电流的计算值与实测值；

　　　C. 制动电流为 $2I_e$ 的差动电流的计算值与实测值；

　　　D. 通过试验验证 K 值。

- 差动保护比率制动整组实验，跳变压器各侧断路器。

要求：A. 在中压侧和低压侧检验，低压侧电流加在 A（或 B，C）相；

B. 制动电流为 $1I_e$ 的差动电流的计算值与实测值；

C. 制动电流为 $2I_e$ 的差动电流的计算值与实测值；

D. 通过试验验证 K 值。

- 高（中）压侧复压方向过流 I 段保护。

要求：A. 模拟高（中）压侧 AB（或 BC，CA）相间区内、区外故障；

B. 根据试验校验经低电压闭锁定值以及 I 段过流定值；

C. 根据试验结果得出动作区。

- 高（中）压侧零序方向过流 I 段保护。

要求：A. 模拟高（中）压侧 A（或 B，C）相区内、区外故障。

B. 根据试验校验零序 I 段过流定值；

C. 根据试验结果得出动作区。

2. 可能设置的故障点

表 6-3

序号	现象	故障原因	排除方法
1	电流回路检查 $I_A = 1A \angle 0°$；$I_B = 2A \angle 0°$；$I_C = 3A \angle 0°$。进入本侧电流电压采样值：$I_A = 1$，$I_B = 2$，$I_C = 3$。自产零序电流为 6A		
	某相电流很小甚至为零	该相电流通道开路或被短接	检查端子排或电流切换连片该相电流与 N 回路是否被短接
	各相电流幅值正确，但自产零序电流不为 6A	某相电流极性错误	自产 $3I_0 = 4A$ 时，A 相电流头尾接反；自产 $3I_0 = 2A$ 时，B 相电流头尾接反；自产 $3I_0 = 0A$ 时，C 相电流头尾接反
	某两相幅值与输入恰好相反	该两相电流通道接反	检查端子排或电流切换连片上该两相电流接线是否接反
	某两相幅值与测试仪输入相比均减少	该两相电流通道被短接	检查端子排或电流插件上该两相电流的头或尾接线是否被短接
	某相电流很小	该侧电流与其他侧电流短接	
2	电压回路检查：$U_A = 40V \angle 0°$；$U_B = 30V \angle 120°$；$U_C = 20V \angle 120°$。进入本侧电流电压采样值：$U_A = 40V$，$U_B = 30V$，$U_C = 20V$，自产 $3U_0 = 0V$		
	三相幅值和相位均有小幅度偏差	电压中性点 N 回路被断开	检查端子排或电压插件上电压 N 回路是否与另一段母线接串或绝缘处理

续表 6-3

序号	现象	故障原因	排除方法
2	某两相幅值与测试仪输入恰好相反	该两相电压通道接反	检查端子排、空开或电压插件上该两相电压接线是否接反
	某相电压为零	该相电压回路被断开	检查端子排、空开或电压插件上该相电压是否被断开或绝缘处理
3	功能压板投入无效	总开入正电源为 4B17，1LP1-1 在端子排和 4B17 短接，其他压板在 1LP1 压板上端依次并接，经压板后回到装置 2B 插件中，在 1LP8-1 上引出正电到复归、打印按钮	1. 4B17 被绝缘； 2. 1LP1-1 在端子排与 4B17 未短接； 3. 1LP1 压板上端与无效压板未并接； 4. 无效压板的上或下端被断开或绝缘。 5. 无效压板下端与相邻压板接串线。 前一个压板上、下端接反，导致必须此压板投入后无效压板才有效。例如：将 1LP2 压板上下端接线反接，当 1LP2 退出时，1LP3 压板投入无效
4	功能压板退出无效	压板上、下端被短接；电压退出控制字投入	检查压板、定值
5	装置"运行"灯熄灭	系统参数整定后未重新固化保护定值	重新固化保护定值
6	打印机不能打印	装置参数：网络打印置 1	网络打印整定为 0； 检查波特率（4800）
7	断路器不能跳闸（合位灯灭）	操作回路失电；137 或 237 被断开	检查操作直流电源回路，别忘了负电源检查相应跳闸线是否被绝缘
8	断路器不能跳闸（合位灯亮）	1. 保护不能出口； 2. 压力闭锁启动； 3. 出口线被断开	检查保护出口正电是否正确接入；133 跳闸线是否绝缘（两侧）； 跳闸压板上或下端被断开或绝缘或与跳旁路接串； 检查 4D5 是否有正电，若没有正电，检查压力继电器是否启动；负电源是否被断开； 检查操作箱引出的出口线是否被绝缘
9	保护不动作或误动作	排除电流、电压回路故障后，考虑装置参数、系统参数、定值内容的设定是否有错误	装置参数：定值区号整定有误。 系统参数： 某一侧一次电压误整定为 0； 某一侧变压器接线方式整定有误； TA 二次额定电流整定为 1A。 定值内容： 某侧 TA 原边变比整定有误； 控制字整定有误； 各类保护电流起动值整定有误

定值提示：TV 原边为相电压；各侧一侧电压为线电压。

变压器接线方式：

涌流闭锁方式控制字：0—谐波制动；1—波形对称

3. 变压器保护二次回路故障排查试题举例

继电保护专业技能试题 PST – 1200（一）（裁判用）

试验条件：高压侧用本侧运行；

中压侧用本侧运行；

低压侧用本侧运行；

变压器为三圈变压器（$Y/Y/\triangle -11$）。

试验项目：检查高、低侧交流回路。

差动保护比率制动整组实验，跳变压器各侧断路器。

要求：A. 制动电流分别为 $2I_e$（$I_{cd} = 2.62A$，$I_h = 9.08A$，$I_L = 8.24A$，$IL_{pp} = 0.318A$）和 $3.5I_e$（$I_{cd} = 4.847A$，$I_h = 15.88A$，$I_L = 13.6A$）；

B. 电流加在高压侧和低压侧（高压侧 A 相区外故障）；

高压侧复压闭锁方向过流一段保护；

共有六个故障点。

试验结果：保护所有回路正常；

差动保护动作行为正常；

高压侧复压闭锁方向过流保护动作行为正常。

表 6-4   **技能操作评分表**

姓名					单位			
操作时间		时　分— 时　分			累计用时		分	
	序号	项目	要求	分值	评分细则		得分	记事
评分标准	1	安措	试验前安全措施合理、全面、正确	1	1. 打开出口压板； 2. 断开 PT； 3. 短接 CT，打开连接片			
	2	试验接线	正确阅读端子排图、原理图，按图接线	0.5	连接电流输入端子			
					连接电压输入端子			
	3	校验项目 1	检验主变差动保护比率制动特性定值	5	正确投退硬压板、软压板			
					模拟高压侧 A 相区外故障传动			
	4	检验项目 2	高压侧复压方向过流保护	5	正确投退硬币板、软压板			
					模拟区内区外 AB 相间故障传动			

续表6-4

			故障设置方法	分值	故障现象	故障分析	故障排除	
评分标准	5	故障点1	差动保护压板错线，207：17 线错接到207：18	2.5	差动保护压板投退无反应	2	0.5	
		故障点2	高压侧复压方向过流保护	2.5	电流分流	2	0.5	
		故障点3	高压侧电压 A，B 相反序（1ZKK 空开下端 A 相线 201：U1 与 B 相线 201：U2 互换）	2.5	电压相序为反序	2.5		
		故障点4	5D：17 端子上的 208a：5 线虚接	2.5	中压侧断路器开关跳不开	2	0.5	
		故障点5	定值区整错为 0 区运行（定值清单要求整定为 1 区运行），0 区、1 区差动保护定值项控制字里 CT 额定电流由 5A 改为 1A	2.5	运行定值区整定错误，差动保护各侧电流缩小 5 倍	2	0.5	
		故障点6	短接中复合电压压板19LP	2.5	低电压试验判高中压侧电压，中压侧电压始终对高压侧开放	2	0.5	
	6	试验分析	打印报告	0.5	正确打印报告			
	7	现场恢复	恢复现场	0.5	恢复好现场			
	8	试验报告	完成试验报告	2.5	完成试验报告			

裁判签字：		年　　月　　日	总得分：

三、线路保护题目类型及故障点设置类型

1. 线路保护题目类型及故障点设置类型题目

① 手算距离二段 BC 相定值。

② 模拟 B 相永久接地，要求纵联，接地一段，工频变化量，重合闸，加速动作，开关传动试验。

③ 模拟 AB 相间故障，校验差动一段定值。

④ 模拟 A 相接地故障，要求用手动实验，校验接地距离二段定值。

⑤ 模拟 C 相接地故障校验零序方向保护一段定值。

⑥ 模拟 B 相接地故障，校验接地距离保护一段的定值，要求保护跳合正确，开关传动正确。

⑦ 模拟 A 相接地故障，校验工频变化量距离定值，要求用手动方式。

⑧ 模拟 C 相接地故障，校验零序保护二段的定值，要求保护跳合正确，开关传动正确。

⑨ 模拟 C 相接地故障，距离二段定值，要求用手动方式。

⑩ 零序三段跳闸后加速。

⑪ 校验两相短路时工频变化量距离的定值，要求测试仪用手动方式，开关跳合传动正确。

⑫ 模拟单相接地故障，校验接地距离 II 段的定值，要求用手动方式，开关跳合传动正确。

⑬ 模拟单相接地故障，使"零序最末段跳闸后加速"动作。

⑭ 纵联保护联跳试验，背靠背方式与远方方式。

2. 可能的故障点

表 6-5

序号	故障现象	故障原因	排查方法
1	某相电流很小甚至为零	该相电流通道头尾被短接	检查端子排或电流切换连片该相电流与 N 回路是否被短接
2	某相电流幅值和角度有变化，$3I_0$ 变小	该相电流与 N 头短接	略
3	某相电流角度与输入相差 180°，$3I_0$ 正常	某相电流极性错误（电压回路只出一个 N，不存在极性反的问题）	检查该相电流头尾接线是否接反
4	某两相幅值与输入恰好相反	该两相电流通道接反	检查端子排或电流切换连片上该两相电流接线是否接反
5	某两相电流幅值与测试仪输入相比均发生变化	该两相电流通道被短接	检查端子排或电流切换连片上该两相电流的头或尾接线是否被短接
6	三相电流正常，I_0 变小	I_0 通道被短接	检查 I_0 通道
7	三相幅值和相位均有小幅度偏差	电压中性点 N 回路被断开	检查端子排或电压插件上电压 N 回路是否绝缘处理

续表 6-5

序号	故障现象	故障原因	排查方法
8	某两相幅值与测试仪输入恰好相反	该两相电压通道接反	检查端子排、空开或电压插件上该两相电压接线是否接反
9	某相电压为零	该相电压回路被断开	检查端子排、空开或电压插件上该相电压是否被断开或绝缘处理。
10	U_A 和 U_X 角度为 180°	U_X 通道头尾反	检查 U_X 通道
11	主画面没有采样值显示数据，并且进入运行工况—模入量选择 CPU 时，显示"所选 CPU 未投入或不存在"	CPU 未投入运行	同时按下 QUIT 和 SET 键，出厂调试密码：7777，进入 CPU 设置，投入 CPU1 和 2。按 SET 键保存自动退出。注：压板模式菜单还可以对软、硬压板进行配置
12	打印机不能打印，面板显示"当前打印任务完成"不变化	出厂模式选为 LAN 网打印模式	同时按下 QUIT 和 SET 键，出厂调试密码：7777，进入装置选项，退出 LAN 网打印模式，按 SET 键保存，再按 QUIT 键退出
13	打印机不能打印，但面板显示"当前打印任务完成"仍变化	打印机数据线或电源线接错线或绝缘	1. 检查打印机电源线； 2. 检查打印机数据线：蓝色—收，棕色—发，黑色—地
14	"通道"灯亮（自环状态）	1. 本对侧纵联保护地址设置不一致； 2. 尾纤接触不良； 3. 纵联控制字中：64K 速率和外时钟同时投入，报警；2M 内、2M 外、64K 内都不报警	
15	开入量均为 0，投退压板均无效，或重合闸把手无效	总开入正电源消失	3. 端子排 1D59 上的 1x10 - a2 被绝缘
16	保护功能压板投入无效	压板正电源消失或软压板退出	1. 端子排 1D59 上的 1KLP - 1 被绝缘； 2. 1KLP - 1 在压板处被断开； 3. 第一个压板上下端接线接串，导致不投入第一个压板，后续压板投入无效； 4. 第一个压板与后续压板上端未并联； 5. 无效压板上或下端接线被断开； 6. 无效压板下端与相邻压板接串线； 7. 4#插件松动（压板开入）； 8. 压板操作—软压板投退

续表 6-5

序号	故障现象	故障原因	排查方法
17	压板串位	压板下口线交叉	
18	压板总投入	压板被短接	
19	重合闸把手使用无效	1QK-3 正电源消失	1. 1KLP9-1 至 1QK-3 之间的连接线断开; 2. X5 插件松动
20	外接开关量无效	外接开关量电源消失	1. 1QK1-31;32 电源消失（端子排 1D59；1D56）; 2. X5 插件松动; 3. 某一个开关量被绝缘或串位
21	复归按钮不好使（出现信号后，用外附复归按钮无法复归信号）	正电源消失（1FA-4 应与 1D62 在端子排短接）	1. 检查 1QK-1 与 1FA-3 之间的连接线是否断开; 2. X4 插件松动; 3. 1D62 与 +24V 短接
22	开入异常（考虑带＊的开关量）	开入被短接或绝缘	1. 开入与 +24V 电源短接; 2. 开入端被绝缘; 3. X5 插件松动; 4. 开入串位; 5. 装置内部软压板退出
23	"压力低闭锁重合闸" 开入置 "1"	2YJJ 失磁或 4YJJ 励磁	1. 4D12 或 4D93 切换后电源消失; 2. 4D80 与 4D93 短接（2YJJ 失磁）; 3. 4D12 与 4D16 短接（4YJJ 励磁）
24	"闭锁重合闸" 开入置 "1"	闭重开入有: 1. HHJ 复位，常闭接点接通; 2. TJR 动作，常开接点接通; 3. 直流切换继电器	1. 4D117（4x04-01）与正电短接，使 STJ 励磁，HHJ 复位闭重; 2. 4x04-10 与正电短接，使 HHJ 直接复位闭重; 3. TJR 继电器动作; 4. 第一组操作直流失电也会闭锁重合闸
25	重合闸不能充电	1. 闭重开入为 1（上述可能）; 2. 重合闸方式无选择	"压板操作" 中 "软压板投退" 中将单重、三重、综重方式退出。此时，外附重合闸把手虽然切至某种重合方式，但由于采用 "软硬串联" 的方式，装置也无法充电 注：装置内部的 "重合闸停用" 软压板没有作用
26	定值中的错误 1	重合闸控制字中投入了多种重合方式	装置将按照 "检同期" "检无压" "非同期（不检）" 的顺序优先选择高位的重合方式。（定值中重合方式控制字都退出时，按照非同期方式进行重合。装置面板显示最终使用的重合方式）

续表 6-5

序号	故障现象	故障原因	排查方法
27	定值中的错误 2	注意检查装置控制字	
28	定值中的错误 3	电流二次额定值置"1"	此时装置电流采样将缩小 5 倍，例如通入 1A，显示为 0.2A
29	跳合位灯均不亮，操作直流正常	1YJJ 失磁	1. 4D79 与负电短接（1YJJ 失磁）； 2. 4X03－01 与正电断开（1YJJ 失磁）； 3. 4D16 与正电短接（4YJJ 励磁）； 4. 切换后电源异常
30	手合失效	操作电源异常	
		手合、手跳短接	装置操作箱面板无告警灯，开关合闸失败
		手合与 TJR 短接；107 与 TJR 短接	操作箱面板显示"永跳"，开关合闸失败
		手合与 TJQ 短接；107 与 TJQ 短接	操作箱面板显示"三跳"，开关合闸失败
		某相 107 与 137 短接；某相 107 与 133 短接	操作箱中的该相"合闸位置"灯亮起，同时该相分位灯也亮
		合闸压力闭锁（4D111 与 4D113 无短接时）	1. 2YJJ 与 3YJJ 同时失磁； 2. 4YJJ 励磁
		合闸回路不通	1. 手合端子被绝缘； 2. 7 被绝缘
31	手合开关后操作箱重合闸灯亮	手合接入保护合闸回路	4D 端子排 Y103、103 交叉
32	手跳失效	跳闸回路不通	1. 手跳端子被绝缘或接错线； 2. 37 被绝缘
33	手分开关后，重合闸灯亮	重合闸被启动（手跳与 103 短接）	
34	手合或手跳开关时，开关跳跃	07、37 短接	
35	短接保护分相出口，断路器对应相不动作（不带重合闸）	跳闸公共在 1D 或 4D 绝缘；跳闸出口在 1D 或 4D 绝缘	

续表 6-5

序号	故障现象	故障原因	排查方法
36	短接保护分相出口，断路器其他相跳开	跳闸出口交叉接线（33、37 通过看操作箱信号可以区分）；	
37	短接保护分相出口，开关三跳，操作箱仅单相跳闸灯动作	分相出口与手跳短接（手合开关失败）； 分相出口与 37A，B，C 线短接（手合开关成功）	
38	短接保护分相出口，开关三跳，操作箱三相跳闸灯动作	1. 分相出口与 TJQ，TJR，BJ 继电器短接（手合开关失败） 2. 保护三相出口（133.137）短接（手合开关成功）	
39	短接保护分相出口，开关单跳，操作箱无信号	复归按钮被短接	
40	短接保护合闸出口，断路器不合闸	合闸回路被断开	合闸正电或合闸出口 3 在 1D 或 4D 处被绝缘
41	短接保护合闸出口，开关合闸，但操作箱重合闸灯不亮	1. 保护合闸接入手合回路； 2. 操作箱复归信号被短接	4D 端子排 Y103、103 交叉
42	保护能动作，断路器实际不能跳闸	压板	1. 压板某一端被绝缘； 2. 压板交叉接线； 3. 压板至端子排接线被绝缘
43	保护发重合，断路器实际不能合闸	合闸回路断开	1. 压板两端线； 2. 至端子排接线； 3. 正电源
44	单重方式，模拟 A 相瞬时故障，保护跳 A 不重合，但充电灯不灭。	中央信号接入 B 相跳位开入。（温馨提示：1、当发现保护动作逻辑与预想的不符，可以打印保护动作报文。起动后变位报告中可以提示开关跳闸位置和闭重三跳是否有变化，来判断故障点的设置范围；2、模拟主保护或后备一段保护的故障时间固定 50ms 来做。） A 相跳闸位置开入与其他跳位短接	

续表 6-5

序号	故障现象	故障原因	排查方法
45	单重方式，保护三跳不重，重合闸放电	保护跳闸信号接点接入闭锁重合闸开入； 保护动作信号接入远跳开入，此时液晶显示远跳动作； 距离Ⅱ、Ⅲ段永跳，零序Ⅱ、Ⅲ、Ⅳ段永跳，零序反时限永跳，控制字置1； 相间永跳投入—相间故障时闭重； 三相永跳投入—三相故障时闭重	
46	压板开入插件 X4 与开关量开入插件 X5 互换	压板下端开入无负电，保护压板投入与重合闸把手有关。 单重方式纵联压板始终投入； 综重方式距离Ⅱ，Ⅲ段压板始终投入； 三重方式距离Ⅰ段压板始终投入； 停用方式零序Ⅰ段压板始终投入； 跳位等所有开入量全没有	

3. 变压器保护二次回路故障排查试题举例

继电保护专业技能试题 RCS-931（一）（裁判用）

① 模拟 A 相接地故障，校验差动保护Ⅰ段的定值，要求保护跳合正确动作，开关跳合传动正确；

② 校验 B 相接地时工频变化量距离的定值，要求测试仪用手动方式；

③ 校验 TA 断线时差动保护动作值（"TA 断线闭锁差动"为0）

④ 单重方式。

表 6-6　　　　　　　　　　　技能操作评分表

姓名				单位			
操作时间	时　分—　时　分			累计用时	分		
	序号	项目	要求	分值	评分细则	得分	记事
评分标准	1	安措		2			
	2	试验接线	正确阅读端了排图、原理图，按图接线。	2	连接电流输入端子1； 连接电压输入端子1		
	3	校验项目1	模拟 A 相接地故障，校验差动保护Ⅰ段的定值；开关传动正确	10	正确投退硬压板出口压板 模拟 A 相故障，校验差动保护Ⅰ段的定值　动作3（动作时间在 10～25ms 之间正确，如果动作时间在 40～60ms 之间是二段动作）， 不动作3， 开关传动正确　2		

续表 6-6

	序号	项目	要求	分值	评分细则	得分		记事
	4	校验项目 2	校验 B 相接地时工频变化量距离的定值，要求用手动方式	14	正确投退硬压板 2 校验 B 相接地时工频变化量距离的定值，正方向动作 2，不动作 2，反方向不动作 2，要求用手动方式 6			
	5	校验项目 3	校验 TA 断线时差动保护动作值（"TA 断线闭锁差动"为 0）	10	正确模拟 TA 短线 4，按 TA 断线差流定值加电流动作 3，不动作 3			
	6	试验分析	打印故障报告（波形不用打印）	1				
	7	现场恢复	复原现场					
评分标准	8	故障	故障设置方法		故障现象	故障分析	故障排除	
		故障点 1	保护定值中把"接地距离 I 段定值"整定的比"接地距离 II 段定值"大	6	运行灯灭，出现报文"定值出错"	3	3	
		故障点 2	把差动低定值整定得比高定值大	6	校验高值不正确，实际按低值动作	3	3	
		故障点 3	保护定值中把"内重合把手有效"整定为 1 再把其中的"投三重方式"整定为 1	8	单相故障后三跳三重	4	4	
		故障点 4	4D106 连 4D107（注：恢复时需点手合翻转 2ZJ）	8	跳 A 回路与手跳回路短接；当保护跳 A 时，同时启动手跳，翻转 KKJ，2ZJ 动作"闭锁重合闸"开入发生；保护先单跳紧接三跳。且开关将不再能够合上。做 A 相接地故障时，保护不重合 注：模拟断路器跳位时（DL 打开），STJ 可能一直励磁，这样 TBJ 保持，跳闸回路一直有正电，模拟断路器合不上，必须先解开 4D106，把模拟断路器先合上，再接上 4D106	4	4	

续表 6-6

	序号	项目	要求	分值	评分细则	得分		记事
评分标准	8	故障点 5	1D22 和 1D46 连接，1D24 和 1D58 连接	10	保护放电不重合	5	5	
		故障点 6	4D107 上（4n11）线 与 4D108 上（4n12）线交换	8	模拟 A 相接地故障时，操作箱信号指示正确，但当跳 A 相时，开关实际是 B 相跳闸。注：此问题不解决，故障点 4 无效	4	4	
		故障点 7	虚接 4D100 上的 N6	8	A 相不能合闸	4	4	
	9	试验报告	完成试验报告	6	完成试验报告			

裁判签字：	年　　　月　　　日	总得分：

附录 1

_____变电所_____线路_____保护
检验标准化作业指导书

保护型号_____

制造厂家_____

出厂日期_____

投运日期_____

辽宁省电力有限公司

设备变更记录

变更内容			变更日期	执行人
装置变更	1			
	2			
程序升级	1			
	2			
	3			
	4			
回路变更	1			
	2			
	3			
	4			
	5			
CT改变比	1			
	2			
	3			
其他	1			
	2			
	3			

＿＿＿＿＿＿＿＿＿型微机线路
保护检验标准化作业指导书

工作负责人	
检验人员	
检验性质	
开始时间	年　　月　　日　　时　　分
结束时间	年　　月　　日　　时　　分
下次检验日期	年　　月
检验结论	

审核人签字		审核日期	

目 录

1 装置检验要求及注意事项

2 保护装置检验准备工作

3 屏柜及装置的检查

4 二次回路检验

5 装置通电检查

6 装置开关量及输入、输出接点检查

7 交流回路校验

8 保护装置定值校验

9 整组检验（103A 型装置中无重合闸）

10 通道检验

11 操作箱检验

12 用实际断路器做传动试验

13 装置投运准备工作

14 带负荷测试

15 发现缺陷及处理情况

附件一 继电保护二次工作保护压板及设备投切位置确认单

附件二 继电保护二次工作安全措施票

附件三 电流互感器试验

1 装置检验要求及注意事项

1.1 新安装装置的检验应按本检验报告规定的全部项目进行。

1.2 定期检验的全部检验项目按本检验报告中注" ＊ ""Δ"号的项目进行。

1.3 定期检验的部分检验项目按本检验报告中注"Δ"号的项目进行。

1.4 每 2 年进行一次部分检验，6 年进行一次全部检验，结合一次设备停电进行断路器的传动试验。

1.5 装置检验详细步骤参照相应规程及生产厂家说明书。

1.6 本作业指导书以书面的形式保存现场班组。

1.7 试验过程中的注意事项。

1.7.1 断开直流电源后才允许插、拔插件，插、拔插件必须有措施，防止因人身静电损坏集成电路芯片。插、拔交流插件时应防止交流电流回路开路。

1.7.2 存放 E^2PROM 芯片的窗口要用防紫外线的不干胶封死。

1.7.3 调试中不要更换芯片，确要更换芯片时应采用人体防静电接地措施，芯片插入的方向应正确，并保证接触可靠。

1.7.4 原则上不能使用电烙铁，试验中确需电烙铁时，应采用带接地线的烙铁或电烙铁断电后再焊接。

1.7.5 试验过程中，应注意不要将插件插错位置。

1.7.6 使用交流电源的电子仪器进行电路参数测试时，仪器外壳应与保护屏在同一点接地。

1.7.7 打印机在通电状态下，不能强行转动走纸旋钮，走纸可通过打印机按键操作或停电后进行。

1.7.8 因检验需要临时短接或断开的端子应逐个记录，并在试验结束后及时恢复。

1.7.9 继电器电压线圈及二次回路通电试验时的注意事项：

1.7.9.1 二次回路通电试验时或进行断路器传动试验时，应通知值班员和有关人员，再经过运行负责人员的同意，并派人到各现场看守，检查回路上确实无人工作后，方可通电；拉合断路器的操作应由运行人员进行。

1.7.9.2 二次回路通电压试验时，为防止由电压互感器二次侧向一次侧反充电，除应将电压互感器二次熔丝断开外，还应取下断线闭锁电容。

1.7.9.3 继电器电压线圈通电时，应断开其电压回路的接线。

1.7.10 为防止接错线，造成跳闸：

1.7.10.1 拆（接）线时应实行二人检查制，一人拆（接）线，一人监护，并要逐项记录，恢复接线时，要根据记录认真核对。

1.7.10.2 变更二次回路接线时，事先应经过审核，拆动接线前与原图核对，接线修改后要与新图核对，拆除没用的线，防止寄生回路存在。

1.7.11 在二次回路工作时，凡遇到异常情况（如开关跳闸等）不论与本身工作是否有关，立即停止工作，保持现状，查明原因，确定与本身工作无关后方可继续工作。

1.7.12 搬运及摆放试验设备、梯子等其他工作用具时应与运行设备保持一定距离，防止误触误碰运行设备，造成保护误跳闸。

1.7.13 为防止低压触电伤害：

1.7.13.1　拆（接）试验线时，必须把电流、电压降至零位，关闭电源开关后方可进行。

1.7.13.2　试验用的接线卡子，必须带绝缘套。

1.7.13.3　试验接线不允许有裸露处，接头要用绝缘胶布包好，接线端子旋钮要拧紧。

1.7.14　防止电流互感器二次开路及电压二次回路接地或短路：

1.7.14.1　不得将电流互感器二次回路及电压互感器二次回路接地回路的永久接地点断开。

1.7.14.2　短路电流互感器二次绕组时，必须使用短路片或短路线，短路应妥善可靠。

1.7.14.3　严禁在带电的电流互感器端子之间的二次回路和导线上进行任何工作。

1.7.14.4　工作时必须有专人监护，使用绝缘工具，并站在绝缘垫上。

1.7.14.5　在带电电压互感器二次回路工作时，应使用绝缘工具，戴手套，必要时设专人监护。

1.7.14.6　接临时负载，必须使用专用的刀闸和熔断器。

2　保护装置检验准备工作

2.1　检验前准备工作

Δ2.1.1　认真了解检验装置的一次设备及相邻的一、二次设备运行情况，了解与运行设备相关的连线，制定安全技术措施。

序　号	了解事项	内　　　容		
1	检验装置的一次设备运行情况	停电		不停电
2	相邻的一次设备运行情况			
3	相邻的二次设备运行情况			
4	与运行设备相关的连线情况	详见安全措施票		
5	控制措施交待（工作票）	工作票编号		交待情况
6	其他注意事项			

Δ2.1.2　工具材料准备（准备情况良好打√，存在问题加以说明）。

序　号	检验所需材料	准备情况	检查人
1	与实际状况一致的图纸		
2	上次检验记录		
3	最新定值通知单		
4	工具和试验线		
5	备品备件		
6	继电保护二次工作保护压板及设备投切位置确认单	见附表 1	

Δ2.1.3 仪器仪表。

序 号	名　称	型　号	编　号	生产厂家
1	微机保护试验仪			
2	模拟断路器			
3	数字万用表			
4	交流电流表			
5	交流电压表			
6	相位表			
7	500V 摇表			
8	1000V 摇表			
9	2500V 摇表			
10	光功率计			
11	示波器			
12				

2.2 装置验收检验准备工作

序号	检查内容	检查情况	检验人
1	装置的原理接线图及与之相符的二次回路安装图		
2	电缆敷设图、编号图		
3	断路器操动机构图		
4	电流、电压互感器端子箱图及二次回路分线箱图纸		
5	成套保护、自动装置原理和技术说明书		
6	断路器操动机构说明书		
7	电流、电压互感器的出厂试验报告		
8	根据设计图纸核对装置的安装位置是否正确		
其他补充事项:			

Δ2.3 进行检验工作前办理工作许可手续,执行《继电保护二次工作保护压板及设备投切位置确认单》。

检验人签字:_____

3 屏柜及装置的检查

序号	检查内容	检查结果
1	装置的配置、型号、额定参数、直流电源额定电压、交流额定电流、电压等是否与设计相一致	

续表

序号	检 查 内 容	检查结果
2	保护屏、箱体：安装端正、牢固，插件良好，外壳封闭良好，屏体、箱体可靠接地（保护屏有接地端子并用截面 >4mm² 的多股铜线直接接地），接地端子与屏上的接地线用铜螺丝压接，保护屏与接地网之间用截面 >50mm² 的铜带可靠连接	
3	屏柜上的连接片、把手、按钮等各类标志应正确完整清晰，并与图纸和运行规程相符	
4	将保护屏上不参与正常运行的连接片取下	
5	装置原理、回路接线：装置原理符合有关规程、反措要求，回路接线正确	
6	运行条件：装置附近无强热源、强电磁干扰源。有空调设备，环境温度 −5℃ 至 30℃，空气相对湿度 <75%。地网接地符合规程要求	
Δ7	装置内外部是否清洁无灰尘，清扫电路板及柜体内端子排上的灰尘	
Δ8	检查装置的小开关、拨轮、按钮等是否良好，显示屏是否清晰，文字清楚	
Δ9	检查各插件印刷电路板是否损伤、变形，连线是否连接好	
Δ10	检查各插件上元件是否焊接良好，芯片是否插紧	
Δ11	检查各插件上变换器、继电器是否固定好，有无松动	
Δ12	检查端子排螺丝是否拧紧，后板配线连接是否良好	
Δ13	按照装置的技术说明书描述方法，根据实际需要检查、设定并记录装置插件内跳线和拨动开关的位置	

检验人签字：＿＿＿＿＿＿＿＿

4　二次回路检验

4.1　电流、电压互感器二次回路检查

序号	检查内容	检查结果
1	被保护设备的断路器、电流互感器以及电压回路与其他单元设备的回路应断开	
2	电流互感器二次绕组所有二次接线的正确性及端子排引线螺钉压接应可靠	
3	电流互感器二次回路接地点应只有一点接地，由几组电流互感器二次组合的电流回路应在有直接电器连接处一点接地	
4	电压互感器二次、三次绕组的所有二次回路接线的正确性及端子排引线螺钉压接应可靠	
5	经控制室中性线小母线（N600）连通的几组电压互感器二次回路，只应在控制室将 N600 一点接地；各电压互感器二次中性点在开关场的接地点断开	
6	电压互感器中性线不得接有熔断器、自动开关或接触器等	
7	来自电压互感器二次回路的4根开关场引入线和互感器三次回路的2根开关场引入线必须分开，不得共用	
8	电压互感器二次回路中所有的熔断器（自动开关）的装设地点、熔断（脱扣）电流是否合适，质量是否良好、能否保证选择性，自动开关线圈阻抗值是否合适	

续表

序号	检查内容	检查结果
9	串联在电压互感器中所有的熔断器（自动开关）、隔离开关及切换设备触点接触应可靠	
10	测量电压回路自互感器引出端子到配电屏电压母线的每相直流电阻，计算电压互感器在额定容量下的压降，其值不应超过额定电压的 3%	

*4.2　装置绝缘试验及二次回路绝缘检查

Δ4.2.1　在对装置、屏柜及二次回路进行绝缘检查前、检查时，必须确认并注意如下内容：

序号	确认、注意事项	确认结果	责任人
检查前确认事项			
1	被保护设备的断路器、电流互感器全部停电		
2	交流电压回路已在电压切换把手或分线箱与其他回路断开，并与其他回路隔离好		
3	保护直流、操作直流空气开关在断开位置		
检查时注意事项			
1	试验线连接要紧固		
2	每进行一项绝缘试验后，须将试验回路对地放电		
3	对母线差动保护、断路器失灵保护卷进行分离，测试		

Δ4.2　二次回路绝缘检查。

条件：按照装置技术说明书的要求拔出 VFC，CPU，MMI、SIG 相关插件；将打印机与装置连接断开；断开与其他保护的弱电联系回路（保护装置全部检验、部分检验具体项目根据现场运行工况及安全措施布置情况确定，开入回路不做相互间）。

测试结果：

序号	测试项目	实测值最小（Ω）	要求值
1	交流电流回路——地		
2	交流电压回路——地		
3	直流回路（操作、保护）——地		
4	开关量输入回路——地		
5	信号回路——地		
6	交流电压回路对交流电流回路		大于 10MΩ
7	交流电压回路对直流回路		
8	交流电压回路对信号回路		
9	交流电流回路对直流回路		
10	信号回路对直流回路		
11	交流电流回路对信号回路		

检验人签字：_____

5　装置通电检查

Δ5.1　逆变电源自启动性能的检验（直流电源电压为80%额定电压）结果。

（　　）

Δ5.2　整定时钟：观察装置时间是否与当前时间一致，拉掉电源5分钟后，再合上电源，检查液晶显示时间和日期是否依然准确。结论：＿＿＿＿

Δ5.3　打印机功能检查：1）打印机卫生清扫干净、接口线紧固、无松动。（　　）

2）打印机自检、打印报告应完好。（　　）

结论：＿＿＿＿　　　　　　　　检验人签字：

Δ5.4　保护装置整定值检查：（打印定值单附后）

5.4.1　检验定值输入、输出、固化、定值区切换功能是否良好、正确。（　　）

5.4.2　保护定值核对是否正确无误。（　　）

5.4.3　检查软件版本号及CRC校验码是否与所给定值校验码一致。（　　）

5.5　软件版本号及CRC校验码检验：

软件版本号	版本日期	CRC校验码	实际CRC校验码

检验人签字：＿＿＿＿

5.6　装置直流电源投入使用年限：＿＿＿＿（超过4~5年的电源应更换）。

6　装置开关量及输入、输出接点检查

Δ6.1　开关量输入回路检查

名　称	A型装置端子位置	B型装置端子位置
沟通三跳	X4：a18，X4：c24	X4：a18，X5：c24
跳位A	X4：c4	X5：c4
跳位B	X4：c6	X5：c6
跳位C	X4：c8	X5：c8
远方跳闸	X4：c20	X5：c20
远传命令1	X4：c12	X5：c12
远传命令2	X4：c14	X5：c14
闭锁重合闸	——	X5：a14，X5：c26
低气压闭锁重合闸	——	X5：c22
三跳启动重合闸	——	X5：a16，X5：c28
单跳启动重合闸	——	X5：a18，X5：c30
闭锁远方操作	X4：a22	X4：a22
信号复归	X4：a26	X4：a26
通道A检修	X4：a16	X4：a16
通道B检修	X4：a20	X4：a20

Δ6.2 各输出回路检查（可结合保护定值检验进行）

序号	检验项目	A 型装置应闭合的接点	B 型装置应闭合的接点
1	告警 I	X9：c22 − a22，X9：c24 − a24， X4：c30 − a30，X4：c32 − a32	X9：c22 − a22，X9：c24 − a24， X4：c30 − a30，X4：c32 − a32
2	告警 II	X9：c26 − a26，X9：c28 − a28	X9：c26 − a26，X9：c28 − a28
3	跳 A 相	X6：a2 − a10，X6：a6 − a20，X6：c2 − c10，X6：c6 − c20； X7：a2 − a10，X7：a6 − a20，X7：c2 − c10，X7：c6 − c20，X7：c26 − a26，X7：c28 − a28； X8：c22 − a22，X8：c24 − a24； X9：c2 − a2，X9：c4 − a4，X9：c6 − a6，X9：c8 − a8，X9：c14 − a14	X7：a2 − a10，X7：a6 − a20，X7：c2 − c10，X7：c6 − c20，X7：c26 − a26，X7：c28 − a28； X8：c22 − a22，X8：c24 − a24； X9：c14 − a14
4	跳 B 相	X6：a2 − a12，X6：a6 − a22，X6：c2 − c12，X6：c6 − c22； X7：a2 − a12，X7：a6 − a22，X7：c2 − c12，X7：c6 − c22，X7：c26 − a26，X7：c28 − a28； X8：c22 − a22，X8：c24 − a24； X9：c2 − a2，X9：c4 − a4，X9：c6 − a6，X9：c8 − a8，X9：c14 − a14	X7：a2 − a12，X7：a6 − a22，X7：c2 − c12，X7：c6 − c22，X7：c26 − a26，X7：c28 − a28； X8：c22 − a22，X8：c24 − a24； X9：c14 − a14
5	跳 C 相	X6：a2 − a14，X6：a6 − a24，X6：c2 − c14，X6：c6 − c24； X7：a2 − a14，X7：a6 − a24，X7：c2 − c14，X7：c6 − c24，X7：c26 − a26，X7：c28 − a28， X8：c22 − a22，X8：c24 − a24； X9：c2 − a2，X9：c4 − a4，X9：c6 − a6，X9：c8 − a8，X9：c14 − a14	X7：a2 − a14，X7：a6 − a24，X7：c2 − c14，X7：c6 − c24，X7：c26 − a26，X7：c28 − a28； X8：c22 − a22，X8：c24 − a24； X9：c14 − a14
6	跳三相	X6：a2 − a10，X6：a2 − a12，X6：a2 − a14， X6：a6 − a20，X6：a6 − a22，X6：a6 − a24， X6：c2 − c10，X6：c2 − c12，X6：c2 − c14， X6：c6 − c20，X6：c6 − c22，X6：c6 − c24， X6：a4 − a16，X6：c4 − c16； X7：a2 − a10，X7：a2 − a12，X7：a2 − a14， X7：a6 − a20，X7：a6 − a22，X7：a6 − a24， X7：c2 − c10，X7：c2 − c12，X7：c2 − c14， X7：c6 − c20，X7：c6 − c22，X7：c6 − c24， X7：a4 − a16，X7：c4 − c16，X7：c26 − a26， X7：c28 − a28，X7：c30 − a30，X7：c32 − a32； X8：c22 − a22，X8：c24 − a24； X9：c2 − a2，X9：c4 − a4，X9：c6 − a6， X9：c8 − a8，X9：c16 − a16	X7：a2 − a10，X7：a2 − a12，X7：a2 − a14， X7：a6 − a20，X7：a6 − a22，X7：a6 − a24， X7：c2 − c10，X7：c2 − c12，X7：c2 − c14， X7：c6 − c20，X7：c6 − c22，X7：c6 − c24， X7：a4 − a16，X7：c4 − c16，X7：c26 − a26，X7：c28 − a28，X7：c30 − a30，X7：c32 − a32，X8：c22 − a22， X8：c24 − a24； X9：c16 − a16

结果（　　）

Δ6.3　压板检查

名　称	A 型装置端子位置	B 型装置端子位置
差动压板	X4：a4	X4：a4
距离 I 段压板	X4：a6	X4：a6
距离 II III 段压板	X4：a8	X4：a8
零序 I 段压板	X4：a10	X4：a10
零序其他段压板	X4：a12	X4：a12
零序反时限压板	X4：a14	X4：a14
检修状态压板	X4：a24	X4：a24
单重	——	X5：a4
三重	——	X5：a6
综重	——	X5：a8
重合闸停用	——	X5：a10
重合闸长延时控制	——	X5：a12

结果（　　）

7　交流回路校验

Δ7.1　零漂检查

确保装置交流端子上无任何输入，查看零漂，电流通道应 <0.1A（额定电流5A）或 <0.02A（额定电流1A），电压通道应 <0.1V；若不满足要求，选择菜单"装置主菜单—测试操作—调整零漂"，进行零漂调整，对 CPU1 和 CPU2 分别进行。

7.2　各电流通道刻度检验　　（误差在0.4A 和1A 时小于0.1A，其余小于2.5%）

通道名称		零漂	0.4A	1.0A	2.0A	10A	25A
CPU1	I_A						
	I_B						
	I_C						
	$3I_0$						
CPU2	I_A						
	I_B						
	I_C						
	$3I_0$						

结果（　　）

Δ7.3　各电压通道刻度检验　　（误差在0.4V 和1V 时小于0.1V，其余小于2.5%）

通道名称		零漂	0.4V	1.0V	5.0V	30V	60V
CPU1	U_A						
	U_B						
	U_C						
	U_X						
CPU2	U_A						
	U_B						
	U_C						
	U_X						

结果（ ）

7.4 电流、电压回路极性检验

结果（ ）

7.5 接入保护装置的电压小母线回路校验。

检验结论：_____

检验人签字：_____

8 保护装置定值校验

① 新安装装置的验收检验时，对保护的每一功能元件进行逐一检验。

② 全部检验时，对于由不同原理构成的保护元件只需任选一种进行检验，主保护必须进行检验，后备保护如相间Ⅰ，Ⅱ，Ⅲ段阻抗保护只需选取任一整定项目进行检查。

③ 部分检验时，可结合装置的整组试验一并进行。

8.1 定值检验

8.1.1 光纤纵差保护。

整定值		故障类型	报告打印值						动作情况	备注
			AN	BN	CN	AB	BC	CA		
故障后参量	高定值差动	0.95 IDZH								
		1.05 IDZH								
	低定值差动	0.95 IDZH								
		1.05 IDZH								
	零序差动	0.95 IDZH								
		1.05 IDZH								

8.1.2　距离保护。

整定值	报告打印值							动作情况	备注
	故障类型		AN	BN	CN	AB	BC	CA		
故障后参量	相间1段	0.95 XX1								
		1.05 XX1								
	相间2段	0.95 XX2								
		1.05 XX2								
	相间3段	0.95 XX3								
		1.05 XX3								
	接地1段	0.95 XD1								
		1.05 XD1								
	接地2段	0.95 XD2								
		1.05 XD2								
	接地3段	0.95 XD3								
		1.05 XD3								
	TV断线过流	0.95 IL								
		1.05 IL								

结果（　　）

8.1.3 零序保护。

整定值			报告打印值				动作情况	备注
	动作电流		I_a	I_b	I_c	I_{dz}		
故障后参量	零序1段	0.95I01						
		1.05I01						
	零序2段	0.95I02						
		1.05I02						
	零序3段	0.95I03						
		1.05I03						
	零序4段	0.95I04						
		1.05I04						
	TV断线零序	0.95I0L						
		1.05I0L						

结果（　　）

结论：

执行人签字：_____

9 整组检验（103A型装置中无重合闸）

9.1 QK置于综合重合闸位置

故障类型	U_a（V）	U_b（V）	U_c（V）	I_a（A）	I_b（A）	I_c（A）	开关动作情况	表示信号
A0 瞬时							跳A、重合	
B0 瞬时							跳B、重合	
C0 瞬时							跳C、重合	
A0 永久							跳A、跳B、跳C、重合、三跳	
B0 永久								
C0 永久								
AB 瞬时							跳A、跳B、跳C、重合	
BC 永久							跳A、跳B、跳C、重合、三跳	
B0 瞬时反向								

结果（　　）

9.2　QK 置于三相重合闸位置的检验

故障类型	U_a（V）	U_b（V）	U_c（V）	I_a（A）	I_b（A）	I_c（A）	开关动作情况	表示信号
A0 瞬时							跳 A、跳 B、跳 C、重合	
B0 瞬时							跳 A、跳 B、跳 C、重合	
C0 瞬时							跳 A、跳 B、跳 C、重合	
A0 永久								
B0 永久							跳 A、跳 B、跳 C、三跳	
C0 永久								
AB 瞬时							跳 A、跳 B、跳 C、重合	
BC 永久							跳 A、跳 B、跳 C、重合	
B0 瞬时反向								

结果（　　　）

9.3　QK 置于单相重合闸位置的检验

故障类型	U_a（V）	U_b（V）	U_c（V）	I_a（A）	I_b（A）	I_c（A）	开关动作情况	表示信号
A0 瞬时							跳 A、重合	
B0 瞬时							跳 B、重合	
C0 瞬时							跳 C、重合	
A0 永久								
B0 永久							跳 A、跳 B、跳 C、重合、三跳	
C0 永久								
AB 瞬时							跳 A、跳 B、跳 C	
B0 瞬时反向								

结果（　　　）

9.4　QK 置于重合闸停用位置的检验

故障类型	U_a（V）	U_b（V）	U_c（V）	I_a（A）	I_b（A）	I_c（A）	开关动作情况	表示信号
A0 瞬时							跳 A、跳 B、跳 C	

结论：

执行人签字：

Δ9.5　失灵回路检验

Δ9.5.1　失灵定值检验　定值：_____A

相别	启动值	返回值	返回系数（要求不小于0.9）	动作及返回时间测试（应小于20ms）
A				
B				
C				

结论：

9.5.2 保护分相启动断路器失灵保护回路检验。

结果（ ）

Δ10 通道检验

10.1 光功率测试

10.1.1 光发：（ ） dBm 光收：（ ） dBm

10.2 通道"自环"条件下，缓慢加入 1A 电流，液晶显示本侧电流（ ）、对侧电流（ ）、差流（ ）。

10.3 通道"正常"条件下，本侧缓慢加入 1A 电流，液晶显示对侧电流（ ）。

10.4 通道"正常"条件下，对侧缓慢加入 1A 电流，液晶显示本侧电流（ ）。

结论：

检验人签字：_____

11 操作箱检验

11.1 操作箱检验

11.1.1 检查分相操作的断路器防跳回路是否正确。

11.1.2 检查操作箱中出口继电器在 80% 电压下是否可靠动作。

11.1.3 检查交流电压切换回路是否正确。

11.1.4 检查合闸回路、跳闸 1、跳闸 2 回路接线的正确性，并保证各回路之间不存在寄生回路。

结果（ ）

11.2 利用操作箱对断路器进行下列传动试验

11.2.1 断路器就地分闸、合闸传动。

11.2.2 断路器远方分闸、合闸传动。

11.2.3 防止断路器跳跃回路传动。

11.2.4 断路器三相不一致回路传动。

11.2.5 断路器操作油压或空气压力继电器、SF6 密度继电器及弹簧压力接点的检查。检查各级压力继电器触点输出是否正确。检查压力低闭锁合闸、闭锁重合闸、闭锁跳闸等功能是否正确。

11.2.6 断路器辅助接点检查，远方、就地方式功能检查。

11.2.7 所有断路器信号检查。

Δ12 用实际断路器做传动试验

（要求开关传动试验打印报告附后，并且至少有一次体现主保护动作情况）

重合闸把手位置（实际运行位置）：_____

12.1 断路器机构信号检查情况

12.2 模拟相间瞬时短路故障：

a. 保护及开关实际动作应正确（ ）。

b. 中央信号表示正确（ ）。

c. 继电保护故障信息管理系统表示信息正确（　　　　）。

12.3　将两套保护电流回路串联，电压并联同时动作的方法，模拟单相瞬时接地故障：

a. 保护及开关实际动作应正确（　　　　）。

b. 中央信号表示正确（　　　　）。

c. 继电保护故障信息管理系统表示信息正确（　　　　）。

12.4　模拟反方向瞬时故障：

a. 保护及开关实际动作应正确（　　　　）。

b. 中央信号表示正确（　　　　）。

c. 继电保护故障信息管理系统表示信息正确（　　　　）。

12.5　模拟单相永久短路故障：

a. 保护及开关实际动作应正确（　　　　）。

b. 中央信号表示正确（　　　　）。

c. 继电保护故障信息管理系统表示信息正确（　　　　）。

12.6　模拟手合故障线路检查开关防跳及后加速功能：

a. 保护及开关实际动作应正确（　　　　）。

b. 中央信号表示正确（　　　　）。

c. 继电保护故障信息管理系统表示信息正确（　　　　）。

检验人签字：＿＿＿＿＿

13　装置投运准备工作

13.1　投入运行前的准备工作

13.1.1　现场工作结束后，工作负责人检查试验记录有无漏试验项目，核对装置的整定值是否与定值单相符。（　　）

13.1.2　盖好所有装置及辅助设备的盖子，各装置插板扣紧。（　　）

13.1.3　二次回路接线恢复，拆除在检验时使用的试验设备、仪表及一切连接线，所有被拆除的或临时接入的连线应全部恢复正常，装置所有的信号应复归。（　　）

13.1.4　压板核对及安全措施恢复（　　）

注：按照继电保护安全措施票及压板确认单恢复安全措施。

检验人：

13.1.5　全部人员撤离前，清扫现场。（　　）

13.1.6　对运行人员交代事项：

13.1.6.1　填写及交代继电保护记录簿，将主要检验项目、试验结果及结论、定值通知单执行情况详细记录在内，向运行负责人员交代检验结果、设备变动情况或遗留问题、并写明该装置可以投入运行。（　　）

13.1.6.2　交代运行人员在将装置投入前，必须用高内阻电压表以一端对地测保护出口压板端子电压的方法，检查并证实被检验的继电保护装置及安全自动装置确实未给出跳闸或合闸脉冲，才允许将装置的跳合闸连接片投到投入位置。（　　）

工作负责人签字：＿＿＿＿＿

运行负责人签字：＿＿＿＿＿

13.1.7 验收合格后，办理工作票终结手续。（　　）

工作负责人签字：_____

14 带负荷测试

14.1 系统电压定相

		保护屏电压				基准电压			
		U_A	U_B	U_C	U_N	U_A	U_B	U_C	U_N
保护屏电压	U_A								
	U_B								
	U_C								
	U_N								

结果（　　）

14.2 U_X 同期电压校验

将系统电压及线路同期电压接入，打印 CPU_4 的采样值，打印出的 U_X 应与同期电压幅值、相位相同。

U_X 同期电压校验正确（　　）。

14.3 $3I_0$ 极性校验

在保护屏外侧将 I_B，I_C，I_N 短接，再在端子排处将 I_B，I_C 连片断开。此时打印 CPU2 采样报告，打印出的 $3I_0$ 应与 I_A 幅值、相位相同。

检验 $3I_0$ 回路接线正确（　　）。

注：附微机保护打印报告。

14.4 交流回路相位测试

以_____电压为基准。测得数值如下。

相别	电流值	角度	相别	电流值	角度

结论：

执行人签字：_____

14.5　用钳形相位表测保护电缆屏蔽层中的电流。测试结果（　　）

执行人签字：_____

Δ14.6　理现场及工作班成员撤离（　　）

执行人签字：_____

Δ14.7　填写及交待继电保护记录簿（　　）

执行人签字：_____

Δ14.8　验收合格后，办理工作票终结手续（　　）

15　**发现缺陷及处理情况**

附件一　继电保护二次工作保护压板及设备投切位置确认单

被试设备名称	
工作负责人	工作时间
工作内容	

运行人员所布置的安全措施：包括应断开及恢复的空气开关（刀闸）、直流铅丝、切换把手、保护压板、连接片、直流线、交流线、信号线、联锁和联锁开关等

序　号	运行人员所布置的安全措施内容	开工前状态				工作结束后状态			
		投入位置	退出位置	运行人员确认签字	继电保护人员签字	投入位置	退出位置	运行人员确认签字	继电保护人员签字

　　填写要求：① 在"运行人员所布置的安全措施内容"栏目内填写具体名称；② 在"投入位置"或"退出位置"栏内写"投"或"退"；③ 未填写的空白栏目内全部画"—————"；④ 附在保护记录中存档。

附件二　继电保护二次工作安全措施票

被试设备名称					
工作负责人		工作时间		签发人	
工作内容					

安全措施：包括应打开恢复连接片、直流线、交流线、信号线、联锁和联锁开关等，按工作顺序填用安全措施

序　号	执　行	安全措施内容	恢　复
1			
2			
3			
4			
5			
6			
7			
8			
9			
10			
11			
12			
13			
14			
15			
16			
17			
18			
19			
20			
21			
22			
23			
24			
25			
26			
27			
28			
29			
30			
31			
32			
33			
34			

检验人：　　　　　监护人：　　　　　恢复人：　　　　　监护人：

附件三　电流互感器试验

1. 设备铭牌

型　式：						额定电压：	
端子名称：　$1S_1 1S_2$		$2S_1 2S_2$	$3S_1 3S_2$	$4S_1 2S_2$	$5S_1 3S_2$	$6S_1 3S_2$	
级次组合：							
额定变比：							
出厂日期：　　年　　月			制造厂：				
试验成绩：			试验日期：　　年　　月　　日				
出厂编号		A：		B：		C：	

2. 测量绝缘电阻（MΩ）

相别	一次	末屏	1S	2S	3S	4S	5S	二次间
A								
B								
C								

3. 伏安特性及变比校验

I（A）		U（V）				
		$2S_1 2S_2$	$3S_1 3S_2$	$4S_1 4S_2$	$5S_1 5S_2$	$6S_1 6S_2$
A						
	并变流比（A）					
	串变流比（A）					
	极性校验：P1　与　2S1, 3S1, 4S1, 5S1, 6S1 同极性。　结论：_____					
B						
	并变流比（A）					
	串变流比（A）					
	极性校验：P1　与　2S1, 3S1, 4S1, 5S1, 6S1 同极性。　结论：_____					

续表

I（A）		U（V）				
		$2S_12S_2$	$3S_13S_2$	$4S_14S_2$	$5S_15S_2$	$6S_16S_2$
C						
	并变流比（A）					
	串变流比（A）					

极性校验：P1 与 2S1，3S1，4S1，5S1，6S1 同极性。　结论：_____

4. 二次负担测试

相别	端子名称	通入5A电流	实测电压	二次负担	直流内阻
A 相	2S1－2S2				
	3S1－3S2				
	4S1－4S2				
	5S1－5S2				
	6S1－6S2				
B 相	2S1－2S2				
	3S1－3S2				
	4S1－4S2				
	5S1－5S2				
	6S1－6S2				
C 相	2S1－2S2				
	3S1－3S2				
	4S1－4S2				
	5S1－5S2				
	6S1－6S2				

5. 电流互感器10%误差校验：

结果（　　）

6. 试验结论：_____

附录2

_____变电所_____母线保护检验
标准化作业指导书

保护型号：_____

制造厂家：_____

出厂日期：_____

投运日期：_____

辽宁省电力有限公司

设备变更记录

		变更内容	变更日期	执行人
装置变更	1			
	2			
程序升级	1			
	2			
	3			
	4			
回路变更	1			
	2			
	3			
	4			
	5			
CT改变比	1			
	2			
	3			
其他	1			
	2			
	3			

_____型微机母线保护检验
标准化作业指导书

工作负责人	
检验人员	
检验性质	
开始时间	年　　　月　　　日　　　时　　　分
结束时间	年　　　月　　　日　　　时　　　分
下次检验日期	年　　　月
检验结论	

审核人签字		审核日期	

目　　录

1　装置检验要求及注意事项

2　保护装置检验准备工作

3　屏柜及装置的检查

4　二次回路检验

5　装置通电检查（检查正确在括号内打√）

6　开入量检查

7　开出量检查

8　交流量幅值精度及相位调试

9　保护功能调试

10 装置投运准备工作

11 保护带负荷测相位

12 发现问题及处理情况

附件一　继电保护二次工作保护压板及设备投切位置确认单

附件二　继电保护二次工作安全措施票

1 装置检验要求及注意事项

1.1 新安装装置的检验应按本检验报告规定的全部项目进行。

1.2 定期检验的全部检验项目按本检验报告中注"＊""Δ"号的项目进行。

1.3 定期检验的部分检验项目按本检验报告中注"Δ"号的项目进行。

1.4 每 2 年进行一次部分检验，6 年进行一次全部检验，结合一次设备停电进行断路器的传动试验。

1.5 装置检验详细步骤参照相应规程及生产厂家说明书。

1.6 本作业指导书以书面的形式保存现场班组。

1.7 试验过程中的注意事项。

1.7.1 断开直流电源后才允许插、拔插件，插、拔插件必须有措施，防止因人身静电损坏集成电路芯片。插、拔交流插件时应防止交流电流回路开路。

1.7.2 存放 E^2PROM 芯片的窗口要用防紫外线的不干胶封死。

1.7.3 调试中不要更换芯片，确要更换芯片时应采用人体防静电接地措施，芯片插入的方向应正确，并保证接触可靠。

1.7.4 原则上不能使用电烙铁，试验中确需电烙铁时，应采用带接地线的烙铁或电烙铁断电后再焊接。

1.7.5 试验过程中，应注意不要将插件插错位置。

1.7.6 使用交流电源的电子仪器进行电路参数测试时，仪器外壳应与保护屏在同一点接地。

1.7.7 打印机在通电状态下，不能强行转动走纸旋钮，走纸可通过打印机按键操作或停电后进行。

1.7.8 因检验需要临时短接或断开的端子应逐个记录，并在试验结束后及时恢复。

1.7.9 继电器电压线圈及二次回路通电试验时的注意事项。

1.7.9.1 二次回路通电试验时或进行断路器传动试验时，应通知值班员和有关人员，再经过运行负责人员的同意，并派人到各现场看守，检查回路上确实无人工作后，方可通电；拉合断路器的操作应由运行人员进行。

1.7.9.2 二次回路通电压试验时，为防止由电压互感器二次侧向一次侧反充电，除应将电压互感器二次熔丝断开外，还应取下断线闭锁电容。

1.7.10 为防止接错线，造成跳闸：

1.7.10.1 拆（接）线时应实行二人检查制，一人拆（接）线，一人监护，并要逐项记录，恢复接线时，要根据记录认真核对。

1.7.10.2 变更二次回路接线时，事先应经过审核，拆动接线前与原图核对，接线修改后要与新图核对，拆除没用的线，防止寄生回路存在。

1.7.11 在二次回路工作时，凡遇到异常情况（如开关跳闸等）不论与本身工作是否有关，立即停止工作，保持现状，查明原因，确定与本身工作无关后方可继续工作。

1.7.12 搬运及摆放试验设备、梯子等其他工作用具时应与运行设备保持一定距离，防止误触误碰运行设备，造成保护误跳闸。

1.7.13 为防止低压触电伤害：

1.7.13.1 拆（接）试验线时，必须把电流、电压降至零位，关闭电源开关后方可进行。

1.7.13.2　试验用的接线卡子，必须带绝缘套。

1.7.13.3　试验接线不允许有裸露处，接头要用绝缘胶布包好，接线端子旋钮要拧紧。

1.7.14　防止电流互感器二次开路及电压二次回路接地或短路。

1.7.14.1　不得将电流互感器二次回路及电压互感器二次回路接地回路的永久接地点断开。

1.7.14.2　短路电流互感器二次绕组时，必须使用短路片或短路线，短路应妥善可靠。

1.7.14.3　严禁在带电的电流互感器端子之间的二次回路和导线上进行任何工作。

1.7.14.4　工作时必须有专人监护，使用绝缘工具，并站在绝缘垫上。

1.7.14.5　在带电电压互感器二次回路工作时，应使用绝缘工具，戴手套，必要时设专人监护。

1.7.14.6　接临时负载，必须使用专用的刀闸和熔断器。

2　保护装置检验准备工作

2.1　检验前准备工作

Δ2.1.1　认真了解检验装置的一、二次设备运行情况，了解与运行设备相关的连线，制定安全技术措施。

序　号	了解事项	内　　容			
1	检验装置的一次设备运行情况	停电		不停电	
2	相邻的二次设备运行情况				
3	与运行设备相关的连线情况	详见安全措施票			
4	控制措施交待（工作票）	工作票编号		交待情况	
5	其他注意事项				

Δ2.1.2　工具材料准备（准备情况良好打√，存在问题加以说明）。

序　号	检验所需材料	准备情况	检查人
1	与实际状况一致的图纸		
2	上次检验记录		
3	最新定值通知单		
4	工具和试验线		
5	备品备件		
6	继电保护二次工作保护压板及设备投切位置确认单		

Δ2.1.3　仪器仪表

序　号	名　　称	型　号	编　号	生产厂家
1	微机保护试验仪			
2	模拟断路器			
3	数字万用表			
4	交流电流表			
5	交流电压表			
6	相位表			
7	500V 摇表			
8	1000V 摇表			
9	2500V 摇表			

2.2　装置验收检验准备工作

序号	检查内容	检查情况	检验人
1	装置的原理接线图及与之相符的二次回路安装图		
2	电缆敷设图、编号图		
3	断路器操动机构图		
4	电流、电压互感器端子箱图及二次回路分线箱图纸		
5	成套保护、自动装置原理和技术说明书		
6	断路器操动机构说明书		
7	电流、电压互感器的出厂试验报告		
8	根据设计图纸核对装置的安装位置是否正确		
其他补充事项：			

Δ2.3　进行检验工作前办理工作许可手续，执行《继电保护二次工作保护压板及设备投切位置确认单》。

检验人签字：_____

3　屏柜及装置的检查

3.1　外观及机械部分检查

序号	检　查　内　容	检查结果
1	装置的配置、型号、额定参数、直流电源额定电压、交流额定电流、电压等是否与设计相一致	
2	保护屏、箱体：安装端正、牢固、插接良好，外壳封闭良好，屏体、箱体可靠接地（保护屏有接地端子并用截面 >4mm² 的多股铜线），接地端子与屏上的接地线用铜螺丝压接，保护屏用截面 >50mm² 的多股铜线与100mm² 接地铜排相连	

续表

序号	检 查 内 容	检查结果
3	屏柜上的连接片、把手、按钮等各类标志应正确完整清晰，并与图纸和运行规程相符，将保护屏上不参与正常运行的连接片取下	
4	检查二次电缆屏蔽线接地是否符合反措规定的要求，用截面 $>4\text{mm}^2$ 的多股铜线与接地铜排相连	
5	装置原理、回路接线：装置原理符合有关规程、反措要求，回路接线正确。	
6	运行条件：装置附近无强热源、强电磁干扰源。有空调设备，环境温度 $-5℃$ 至 $30℃$，空气相对湿度 $<75\%$。地网接地符合规程要求	
Δ7	用钳形电流表检查流过保护二次电缆的屏蔽层的电流值为（　　）mA，若无电流应检查电缆屏蔽层接地是否良好	
Δ8	装置内外部是否清洁无灰尘；清扫电路板及柜体内端子排上的灰尘	
Δ9	检查装置的小开关、拨轮、按钮等是否良好，显示屏是否清晰，文字清楚	
Δ10	检查各插件印刷电路板是否损伤、变形，连线是否连接好	
Δ11	检查各插件上元件是否焊接良好，芯片是否插紧	
Δ12	检查各插件上变换器、继电器是否固定好，有无松动	
Δ13	检查端子排螺丝是否拧紧，后板配线连接是否良好	

检验人签字：＿＿＿＿＿＿

3.2　母线保护装置信息

主接线类型	
电压等级	
间隔数	
额定参数	
装置编号	
程序版本号	
软件版本时间	

检验人签字：＿＿＿＿＿＿

4　二次回路检验

4.1　电流、电压互感器二次回路检查

序号	检查内容	检查结果
1	被保护设备的断路器、电流互感器以及电压回路与其他单元设备的回路应断开	
2	电流互感器二次绕组所有二次接线的正确性及端子排引线螺钉压接应可靠	
3	电流互感器二次回路接地点应只有一点接地，由几组电流互感器二次组合的电流回路应在有直接电器连接处一点接地	

续表

序号	检查内容	检查结果
4	电压互感器二次、三次绕组的所有二次回路接线的正确性及端子排引线螺钉压接应可靠	
5	经控制室中性线小母线（N600）连通的几组电压互感器二次回路，只应在控制室将 N600 一点接地；各电压互感器二次中性点在开关场的接地点断开	
6	电压互感器中性线不得接有熔断器、自动开关或接触器等	
7	来自电压互感器二次回路的 4 根开关场引入线和互感器三次回路的 2 根开关场引入线必须分开，不得共用	
8	电压互感器二次回路中所有的熔断器（自动开关）的装设地点、熔断（脱扣）电流是否合适，质量是否良好、能否保证选择性，自动开关线圈阻抗值是否合适	
9	串联在电压互感器中所有的熔断器（自动开关）、隔离开关及切换设备触点接触应可靠	

4.2　绝缘测试

条件：仅在新安装的验收试验时进行绝缘试验，按照装置技术说明书的要求拔出相关插件；将打印机与装置连接断开；断开与其他保护回路的连线。保护装置全部检验、部分检验具体项目根据现场运行工况及安全措施布置情况确定，每进行一项绝缘试验后，须将试验回路对地放电。用 1000V 摇表测试要求大于 1.0MΩ。

序号	测试项目	测试绝缘电阻（MΩ）
1	交流电压回路端子对地	
2	交流电流回路端子对地	
3	直流电源回路端子对地	
4	跳闸回路端子路对地	
5	开关量输入回路端子对地	
6	信号回路端子对地	
7	交流电压回路对交流电流回路	
8	交流电压回路对直流电源回路	
9	交流电压回路对跳闸回路	
10	交流电压回路对信号回路	
11	交流电流回路对直流电源回路	
12	交流电流回路对跳闸与回路	
13	交流电流回路对信号回路	
14	直流电源回路对信号回路	

检验人签字：_____

△5. 装置通电检查（检查正确在括号内打√）

5.1　通电前检查保护所有出口压板应在退出位置。（　　）

5.2　装置通电前检查保护装置的逆变电源插件运行时间：_____（超过 4～5 年

应更换)。

5.3　合上直流电源空开,再依次合电源插件 BP360 和 BP361 上的开关。

5.3.1　电源指示灯是否正常。（　　　）

5.3.2　通讯指示灯是否正常闪烁。（　　　）

5.3.3　液晶界面显示是否正常。（　　　）

5.4　整定时钟:

5.4.1　进入查看—装置运行记录中的上电时间界面,检查装置的保护元件、闭锁元件、管理元件的上电时间是否一致（装置内时钟是否同步,要求精确到秒）。若相差较大,可在参数菜单—时钟设置选项手动校对。（　　　）

5.4.2　观察装置时间是否与当前时间一致,拉掉电源5分钟后,再合上电源,检查液晶显示时间和日期是否依然准确。（　　　）

5.5　打印机功能检查:

5.5.1　打印机卫生清扫干净,接口线紧固、无松动。　（　　　）

5.5.2　打印机自检、打印报告应完好。　　　　　　　（　　　）

5.6　保护装置整定值检查核对是否正确无误,要求打印定值单附后。（　　　）

检验人签字:＿＿＿＿＿＿＿＿

6. 开入量检查

Δ6.1　保护压板或切换把手检查

序号	投退（或切换）保护压板（或把手）	压板名称	液晶显示	结论
1	差动退,失灵投			
2	差动投,失灵投			
3	差动投,失灵退			
4	充电保护			
5	过流保护			

检验人签字:＿＿＿＿＿＿＿＿

＊6.2　刀闸位置输入通道检查

将所有刀闸位置均放在自适应状态,依次在屏后的刀闸开入端子加开入量,在主界面检测刀闸是否正确。

单元号	刀闸位置	端子排位置	液晶显示	结论
1 单元	I 母	X8 – 1 对 X11 – 11		
	II 母	X8 – 2 对 X11 – 11		
2 单元	I 母	X8 – 3 对 X11 – 12		
	II 母	X8 – 4 对 X11 – 12		
3 单元	I 母	X8 – 5 对 X11 – 13		
	II 母	X8 – 6 对 X11 – 13		
4 单元	I 母	X8 – 7 对 X11 – 14		
	II 母	X8 – 8 对 X11 – 14		

续表

单元号	刀闸位置	端子排位置	液晶显示	结论
5 单元	I 母	X8 – 9 对 X11 – 15		
	II 母	X8 – 10 对 X11 – 15		
6 单元	I 母	X8 – 11 对 X11 – 16		
	II 母	X8 – 12 对 X11 – 16		
7 单元	I 母	X8 – 13 对 X11 – 17		
	II 母	X8 – 14 对 X11 – 17		
8 单元	I 母	X8 – 15 对 X11 – 18		
	II 母	X8 – 16 对 X11 – 18		
9 单元	I 母	X8 – 17 对 X11 – 19		
	II 母	X8 – 18 对 X11 – 19		
10 单元	I 母	X8 – 19 对 X11 – 20		
	II 母	X8 – 20 对 X11 – 20		
11 单元	I 母	X8 – 21 对 X11 – 21		
	II 母	X8 – 22 对 X11 – 21		
12 单元	I 母	X8 – 23 对 X11 – 22		
	II 母	X8 – 24 对 X11 – 22		
13 单元	I 母	X8 – 25 对 X11 – 23		
	II 母	X8 – 26 对 X11 – 23		
14 单元	I 母	X8 – 27 对 X11 – 24		
	II 母	X8 – 28 对 X11 – 24		
15 单元	I 母	X8 – 29 对 X11 – 25		
	II 母	X8 – 30 对 X11 – 25		
16 单元	I 母	X8 – 31 对 X11 – 26		
	II 母	X8 – 32 对 X11 – 26		
17 单元	I 母	X8 – 33 对 X11 – 27		
	II 母	X8 – 34 对 X11 – 27		
18 单元	I 母	X8 – 35 对 X11 – 28		
	II 母	X8 – 36 对 X11 – 28		

检验人签字:

＊6.3　刀闸模拟屏检验

操作刀闸模拟屏上的各单元刀闸（切换开关），在主界面检测刀闸是否正确。

单元号	刀闸位置	液晶显示	结论
1 单元	强制通		
	强制断		

续表

单元号	刀闸位置	液晶显示	结论
2 单元	强制通		
	强制断		
3 单元	强制通		
	强制断		
4 单元	强制通		
	强制断		
5 单元	强制通		
	强制断		
6 单元	强制通		
	强制断		
7 单元	强制通		
	强制断		
8 单元	强制通		
	强制断		
9 单元	强制通		
	强制断		
10 单元	强制通		
	强制断		
11 单元	强制通		
	强制断		
12 单元	强制通		
	强制断		
13 单元	强制通		
	强制断		
14 单元	强制通		
	强制断		
15 单元	强制通		
	强制断		
16 单元	强制通		
	强制断		
17 单元	强制通		
	强制断		
18 单元	强制通		
	强制断		

检验人签字：_____

*6.4 失灵启动接点检查

分别短接对应单元失灵启动接点端子排位置，观察保护动作行为、液晶显示状态。测量各相应单元出口接点动作情况。

单元号	端子排位置	液晶显示	结论
2 单元	X10 – 2 对 X11 – 29		
3 单元	X10 – 3 对 X11 – 30		
4 单元	X10 – 4 对 X11 – 30		
5 单元	X10 – 5 对 X11 – 31		
6 单元	X10 – 6 对 X11 – 31		
7 单元	X10 – 7 对 X11 – 32		
8 单元	X10 – 8 对 X11 – 32		
9 单元	X10 – 9 对 X11 – 33		
10 单元	X10 – 10 对 X11 – 33		
11 单元	X10 – 11 对 X11 – 34		
12 单元	X10 – 12 对 X11 – 34		
13 单元	X10 – 13 对 X11 – 35		
14 单元	X10 – 14 对 X11 – 35		
15 单元	X10 – 15 对 X11 – 36		
16 单元	X10 – 16 对 X11 – 36		
17 单元	X10 – 17 对 X11 – 37		
18 单元	X10 – 18 对 X11 – 37		

检验人签字：_____

6.5 分列运行压板检查

压板位置	母联接点	端子排位置	液晶显示	结论
分列运行压板投	常开接点闭合	X9 – 1 对 X11 – 2		
	常闭接点打开	X9 – 2 对 X11 – 2		
分列运行压板退	常开接点打开	X9 – 1 对 X11 – 2		
	常闭接点闭合	X9 – 2 对 X11 – 2		

检验人签字：_____

6.6 分别在母联开关合及母联开关分端子排上加入开入量，查看主界面母联开关显示是否正确。（　　）

检验人签字：_____

Δ7. 开出量检查

7.1 将母联刀闸强制合，奇数单元刀闸强制合 I 母，II 母自适应；偶数单元强制合 II 母，I 母自适应，在任一单元加电流，使所在母线动作。用万用表检查各跳闸接点动作情况。（导通后打"√"，不通后打"×"。）

单元号	接点	端子排位置	导通	不通	结论
1 单元	接点一	X4 – 1 对 X5 – 1			
	接点二	X6 – 1 对 X7 – 1			
2 单元	接点一	X4 – 2 对 X5 – 2			
	接点二	X6 – 2 对 X7 – 2			
3 单元	接点一	X4 – 3 对 X5 – 3			
	接点二	X6 – 3 对 X7 – 3			
4 单元	接点一	X4 – 4 对 X5 – 4			
	接点二	X6 – 4 对 X7 – 4			
5 单元	接点一	X4 – 5 对 X5 – 5			
	接点二	X6 – 5 对 X7 – 5			
6 单元	接点一	X4 – 6 对 X5 – 6			
	接点二	X6 – 6 对 X7 – 6			
7 单元	接点一	X4 – 7 对 X5 – 7			
	接点二	X6 – 7 对 X7 – 7			
8 单元	接点一	X4 – 8 对 X5 – 8			
	接点二	X6 – 8 对 X7 – 8			
9 单元	接点一	X4 – 9 对 X5 – 9			
	接点二	X6 – 9 对 X7 – 9			
10 单元	接点一	X4 – 10 对 X5 – 10			
	接点二	X6 – 10 对 X7 – 10			
11 单元	接点一	X4 – 11 对 X5 – 11			
	接点二	X6 – 11 对 X7 – 11			
12 单元	接点一	X4 – 12 对 X5 – 12			
	接点二	X6 – 12 对 X7 – 12			
13 单元	接点一	X4 – 13 对 X5 – 13			
	接点二	X6 – 13 对 X7 – 13			
14 单元	接点一	X4 – 14 对 X5 – 14			
	接点二	X6 – 14 对 X7 – 14			
15 单元	接点一	X4 – 15 对 X5 – 15			
	接点二	X6 – 15 对 X7 – 15			
16 单元	接点一	X4 – 16 对 X5 – 16			
	接点二	X6 – 16 对 X7 – 16			
17 单元	接点一	X4 – 17 对 X5 – 17			
	接点二	X6 – 17 对 X7 – 17			

续表

单元号	接点	端子排位置	导通	不通	结论
18 单元	接点一	X4 – 18 对 X5 – 18			
	接点二	X6 – 18 对 X7 – 18			

检验人签字：_____

7.2 将母联刀闸强制合，奇数单元刀闸强合 II 母，I 母自适应；偶数单元强制合 I 母，II 母自适应，在任一单元加电流，使所在母线动作。用万用表检查各跳闸接点动作情况。（导通后打"√"，不通后打"×"。）

单元号	接点	端子排位置	导通	不通	结论
1 单元	接点一	X4 – 1 对 X5 – 1			
	接点二	X6 – 1 对 X7 – 1			
2 单元	接点一	X4 – 2 对 X5 – 2			
	接点二	X6 – 2 对 X7 – 2			
3 单元	接点一	X4 – 3 对 X5 – 3			
	接点二	X6 – 3 对 X7 – 3			
4 单元	接点一	X4 – 4 对 X5 – 4			
	接点二	X6 – 4 对 X7 – 4			
5 单元	接点一	X4 – 5 对 X5 – 5			
	接点二	X6 – 5 对 X7 – 5			
6 单元	接点一	X4 – 6 对 X5 – 6			
	接点二	X6 – 6 对 X7 – 6			
7 单元	接点一	X4 – 7 对 X5 – 7			
	接点二	X6 – 7 对 X7 – 7			
8 单元	接点一	X4 – 8 对 X5 – 8			
	接点二	X6 – 8 对 X7 – 8			
9 单元	接点一	X4 – 9 对 X5 – 9			
	接点二	X6 – 9 对 X7 – 9			
10 单元	接点一	X4 – 10 对 X5 – 10			
	接点二	X6 – 10 对 X7 – 10			
11 单元	接点一	X4 – 11 对 X5 – 11			
	接点二	X6 – 11 对 X7 – 11			
12 单元	接点一	X4 – 12 对 X5 – 12			
	接点二	X6 – 12 对 X7 – 12			
13 单元	接点一	X4 – 13 对 X5 – 13			
	接点二	X6 – 13 对 X7 – 13			

续表

单元号	接点	端子排位置	导通	不通	结论
14 单元	接点一	X4 – 14 对 X5 – 14			
	接点二	X6 – 14 对 X7 – 14			
15 单元	接点一	X4 – 15 对 X5 – 15			
	接点二	X6 – 15 对 X7 – 15			
16 单元	接点一	X4 – 16 对 X5 – 16			
	接点二	X6 – 16 对 X7 – 16			
17 单元	接点一	X4 – 17 对 X5 – 17			
	接点二	X6 – 17 对 X7 – 17			
18 单元	接点一	X4 – 18 对 X5 – 18			
	接点二	X6 – 18 对 X7 – 18			

检验人签字：＿＿＿＿＿＿

Δ7.3　告警信号输出检验

序号	开出接点名称	接点位置	面板显示	结论
1	母差动作	X2 – 28 对 X2 – 35		
2	失灵动作	X2 – 28 对 X2 – 36		
3	母联保护动作	X2 – 29 对 X2 – 37		
4	TA 断线	X2 – 30 对 X2 – 40		
5	TV 断线	X2 – 31 对 X2 – 41		
6	母线互联	X2 – 32 对 X2 – 43		
7	开入异常	X2 – 30 对 X2 – 39		
8	开入变位	X2 – 29 对 X2 – 38		
9	出口退出	X2 – 7 对 X2 – 23		
10	装置异常	X2 – 31 对 X2 – 42		
11	直流消失 （操作 KM 消失） （运行电源 KM 消失）	X2 – 32 对 X2 – 44		

检验人签字：＿＿＿＿＿＿

8. 交流量幅值精度及相位调试

＊8.1　保护零漂检查

	最大值（V）	要求范围（A）
交流电压通道		− 0.02 ~ + 0.02
交流电流通道		− 0.01 ~ + 0.01

检验人签字：＿＿＿＿＿＿＿

＊8.2　交流电压检测

在 PT 端子加三相电压，幅值为 U_n（57.7），相角依次为 0°，240°，120°。校验查看间隔单元菜单显示的交流量并记录。

名称	幅值				相位		
	U_a	U_b	U_c	U_N	U_a	U_b	U_c
I 母							
II 母							

检验人签字：＿＿＿＿＿＿＿

＊8.3　电流量检测

8.3.1　电流量检测（对于变比可选的工程，任选两支路改变 CT 变比，比较大差、小差，本间隔电流与变比的备数关系）

单元	TA 变比	基准变比	通入电流值	间隔电流显示值	差流显示值

检验人签字：＿＿＿＿＿＿＿

＊8.3.2 各单元间隔的相角调试

在第 1 单元加三相电流，幅值为 I_n（5A），相角依次为 0°，240°，120°。校验查看间隔单元菜单显示的交流量并记录。在以下各单元的交流测试中，以 01 单元的相位为基准，TA 基准变比取：1200/5，除在本单元加三相电流外，A 相电流与第 1 单元 A 相串接。以校验各单元的相角。

单元	CT 变比	幅值						相位		
		I_a	I_b	I_c	I 母小差	II 母小差	大差	I_a	I_b	I_c
1 单元（母联）										
2 单元										
3 单元										
4 单元										
5 单元										
6 单元										
7 单元										
8 单元										
9 单元										
10 单元										
11 单元										
12 单元										

续表

单元	CT 变比	幅值						相位		
		I_a	I_b	I_c	I母小差	II母小差	大差	I_a	I_b	I_c
13 单元										
14 单元										
15 单元										
16 单元										
17 单元										
18 单元										

检验结果：

检验人签字：＿＿＿＿＿＿

Δ9　保护功能调试

Δ9.1　模拟母线区外故障

条件：不加电压使"闭锁开放"灯亮。

任选同一母线的两条变比相同支路，同时加入 A 相电流 $I_a = 10A$，大小相同，方向相反（10A）。

（1）母线差动保护应不动作。

结果：

（2）面板显示中：大差、小差电流为零。

结果：

检验人签字：＿＿＿＿＿＿

9.2　模拟母线区内故障

条件：不加电压使"闭锁开放"灯亮。

Δ9.2.1　任选一支路，加 B 相电流 $I_B =$ ＿＿＿＿ A（定值 $I =$ ＿＿＿＿ A），母差保护应瞬时动作。切除母联及该支路所在母线上的所有支路，母差动作信号灯亮。

结果：

*9.2.2　验证大差比率系数高值（可适当降低差动门坎）：

母联开关合（母联开关常开接点 X9-1 引正电），任选 I 母线上两条变比相同支路，在 A 相加入方向相反电流 $I_r =$ ＿＿＿＿ A，任选 II 母线上一条支路，在 A 相加入电流，起始电流 $I = 1A$，逐渐增加电流大小，使 II 母线差动动作 $I_d =$ ＿＿＿＿ A，计算大差比率系数高值。

$I_d. > I_{dset}$

$I_d > K_r * (I_r - I_d)$

结果：$K_r =$

*9.2.3 验证大差比率系数低值（可适当降低差动门坎）：

母联开关断（母联开关常闭接点 X9-2 引正电），任选 I 母线上两条变比相同支路，在 A 相加入方向相反电流 $I =$ ＿＿＿＿ A，任选 II 母线上一条支路，在 A 相加入电流，

起始电流 $I = 1A$，逐渐增加电流大小，使 II 母线差动动作 $I =$ _____ A，计算大差比率系数低值。

结果：$K_r =$

＊9.2.4 验证小差比率系数（可适当降低差动门坎）：

任选同一母线上两条变比相同支路，在 A 相加入方向相反、大小不同的电流，固定其中一条支路电流 $I =$ _____ A，调节另一条支路电流，由小到达，使母线差动动作 $I =$ _____ A，计算小差比率系数。

结果：

检验人签字：_____

Δ9.3 模拟双母线倒闸过程中的区内故障

条件：不加电压使"闭锁开放"灯亮。

任选母线上的一支路，合上该支路的 I 母和 II 母刀闸，在该支路加 C 相电流 $I = 3A$，

母线差动保护瞬时动作，切除母联及母线上所有支路，I、II 母差动动作信号灯亮。

结果：

检验人签字：_____

Δ9.4 失灵保护出口逻辑试验

条件：不加电压使"闭锁开放"灯亮。

（1）任选母线上的一支路，对应将该支路的（失灵启动）压板投入；

（2）在机柜竖排端子上，将该支路的（失灵启动）输入端子与"开入回路公共端"端子短接；

（3）经短延时 $t_1 =$ _____，保护将切除母联，经长延时 $t_2 =$ _____，保护将切除该支路所在母线上的所有支路；

（4）失灵动作信号灯亮。

结论：

检验人签字：_____

Δ9.5 母联失灵保护试验

条件：不加电压使"闭锁开放"灯亮。

（1）任选母线上的两条支路，分别将两条支路置于 I 母和 II 母；

（2）在两条支路和母联上同时加 A 相电流，电流大小相等方向相同，模拟母联 CT 在开关的 I 母侧；

（3）该电流应大于母联失灵保护的过流定值 _____ A（同时大于差动门坎定值），且母联电流持续加载；

（4）母线差动保护应瞬时动作首先切除母联和 II 母上的所有支路，装置经"母联失灵延时"，将 I 母上的其余支路切除；

（5）I，II 母差动动作信号灯亮。

结论：

检验人签字：_____

Δ9.6 母线充电保护试验

条件：不加电压使"闭锁开放"灯亮。

（1）将"母线充电保护"压板投入；

（2）母联开关断（仅母联开关常闭接点引正电）；

（3）在母联上加载 A 相电流，电流大于充电保护电流定值_____A；

（4）母线充电保护延时动作，切除母联开关；

（5）充电保护动作信号灯亮。

结论：

检验人签字：_____

Δ9.7 母联过流保护试验

条件：不加电压使"闭锁开放"灯亮。

（1）将"母联过流保护"压板投入；

（2）相应将母联过流或母联零序过流中非试验项暂时改大；

（3）在母联上加载 A 相电流，电流大于母联过流定值_____A，小于母联零序电流定值_____A，母联过流保护动作，切除母联开关；

（4）母联过流保护动作信号灯应亮；

（5）断开电流，恢复信号；

（6）在母联上加载 A 相或 C 相电流，电流大于母联零序过流定值_____A，小于母联过流定值；

（7）母联过流保护动作，切除母联开关；

（8）母联过流保护动作信号灯亮。

结论：

检验人签字：_____

Δ9.8 复合电压闭锁试验

（1）在 I 母 PT 回路中加载正常三相对称电压；

（2）任选母线上的一条支路，在这条支路中加载某相电流，电流值大于差动门坎定值_____A；

（3）母线差动保护不应动作。

结论：

检验人签字：_____

177

Δ9.9　CT 断线告警及闭锁差动试验

（1）在 I 母 PT 和 II 母 PT 回路中加载正常电压；

（2）任选母线上的一条支路，在这条支路中加载 A 相电流，电流值大于 TA 断线门坎定值，大于差动门坎定值；

（3）差动保护应不动作，经延时，装置发出"CT 断线告警"信号；

（4）保持电流不变，将母线电压降至 0V；

（5）母线差动保护不应动作。

结论：

检验人签字：_____

Δ9.10　PT 断线告警

（1）不加电流，在 I，II 母 PT 回路中加载正常电压；

（2）任意断开某相电压；

（3）经延时，装置发出"PT 断线告警"信号。

结论：

检验人签字：_____

Δ9.11 开入变位告警

（1）改变母线上任一条支路的刀闸位置或合上失灵起动接点；

（2）装置发出"开入变位"信号。

结论：

检验人签字：_____

9.12 刀闸变位修正

（1）任选同一母线上变比相同的支路，加反相电流；

（2）将两者其中一条支路的刀闸位置断开；

（3）装置发出"开入变位"和"开入正常"信号，同时断开刀闸被修正合上。

结论：

检验人签字：

Δ9.13 差动功能退出切换试验

（1）将屏上差动与失灵投退切换开关切至"差动退出，失灵投入"位置；

（2）模拟母线故障保护应不动作；

（3）模拟失灵启动，保护应正确动作。

结论：

检验人签字：＿＿＿＿＿＿＿

Δ9.14 失灵功能退出切换试验

（1）将屏上差动与失灵投退切换开关切至"差动投入，失灵退出"位置；

（2）模拟失灵启动，保护应不动作；

（3）模拟母线故障，保护应正确动作。

结论：

检验人签字：

9.15 投保护出口压板，恢复连线，作连动试验

注意：此项试验需全停电或新安装时做，否则要断开各间隔跳闸线。然后用万用表倒通的方法，测量各出口至各线路及主变跳闸线的正确性，防止试验中误造成运行设备跳闸。

试验结果：

检验人签字：＿＿＿＿＿＿＿

Δ10　装置投运准备工作

10.1 现场工作结束后，工作负责人检查试验记录有无漏试验项目，核对装置的整定值是否与定值单相符。（　　　）

10.2 盖好所有装置及辅助设备的盖子，各装置插板扣紧。（　　　）

10.3 二次回路接线恢复，拆除在检验时使用的试验设备、仪表及一切连接线，所有被拆除的或临时接入的连线应全部恢复正常，装置所有的信号应复归。（　　　）

10.4 压板核对及安全措施恢复正确。（　　　）

注：按照继电保护安全措施票及压板确认单恢复安全措施。

检验人：

10.5 全部人员撤离前，清扫现场。（　　　）

10.6 对运行人员交代事项：

10.6.1 填写及交代继电保护记录簿，将主要检验项目、试验结果及结论、定值通

知单执行情况详细记录在内，向运行负责人员交代检验结果、设备变动情况或遗留问题，并写明该装置可以投入运行。（　　　）

10.6.2 交代运行人员在将装置投入前，必须用高内阻电压表以一端对地测保护出口压板端子电压的方法，检查并证实被检验的继电保护装置及安全自动装置确实未给出跳闸或合闸脉冲，才允许将装置的跳合闸连接片投到投入位置。（　　　）

10.7 验收合格后，办理工作票终结手续。（　　　）

工作负责人签字：_____

*11　保护带负荷测相位

11.1 保护装置屏内电压定相

测试数据		I 母线电压（基准）				II 母线电压（基准）			
		U_A	U_B	U_C	U_N	U_A	U_B	U_C	U_N
保护屏电压	U_{IA}								
	U_{IB}								
	U_{IC}								
	U_N								
	U_{IIA}								
	U_{IIB}								
	U_{IIC}								
	U_N								

结论：

11.2 以_____电压为基准测量相位

线路名	相别	幅值	相位	线路名	相别	幅值	相位

续表

线路名	相别	幅值	相位	线路名	相别	幅值	相位

结论：

Δ11.3 差流值

I 母差流值：＿＿＿＿＿＿

II 母差流值：＿＿＿＿＿＿

大差电流值：＿＿＿＿＿＿

结论：

Δ12　发现问题及处理情况

工作负责人签字：

附件一 继电保护二次工作保护压板及设备投切位置确认单

被试设备名称			
工作负责人		工作时间	
工作内容			

运行人员所布置的安全措施：包括应断开及恢复的空气开关（刀闸）、直流铅丝、切换把手、保护压板、连接片、直流线、交流线、信号线、联锁和联锁开关等

序 号	运行人员所布置的安全措施内容	开工前状态				工作结束后状态			
		投入位置	退出位置	运行人员确认签字	继电保护人员签字	投入位置	退出位置	运行人员确认签字	继电保护人员签字

　　填写要求：① 在"运行人员所布置的安全措施内容"栏目内填写具体名称；② 在"投入位置"或"退出位置"栏内写"投"或"退"；③ 未填写的空白栏目内全部画"——————"；④ 附在保护记录中存档。

附件二　继电保护二次工作安全措施票

被试设备名称					
工作负责人		工作时间		签发人	
工作内容					

安全措施：包括应打开恢复连接片、直流线、交流线、信号线、联锁和联锁开关等，按工作顺序填用安全措施

序　号	执　行	安全措施内容	恢　复
1			
2			
3			
4			
5			
6			
7			
8			
9			
10			
11			
12			
13			
14			
15			
16			
17			
18			
19			
20			
21			
22			
23			
24			
25			
26			
27			
28			
29			
30			
31			
32			
33			
34			

检验人：　　　　　　监护人：　　　　　　恢复人：　　　　　　监护人：

附录 3

_____变电所_____变压器微机保护检验标准化作业指导书

保护型号：_____

制造厂家：_____

出厂日期：_____

投运日期：_____

辽宁省电力有限公司

设备变更记录

		变更内容	变更日期	执行人
装置变更	1			
	2			
程序升级	1			
	2			
	3			
	4			
回路变更	1			
	2			
	3			
	4			
	5			
CT改变比	1			
	2			
	3			
其他	1			
	2			
	3			

_____型微机变压器保护检验标准化作业指导书

工作负责人					
检验人员					
检验性质					
开始时间	年	月	日	时	分
结束时间	年	月	日	时	分
下次检验日期		年		月	
检验结论					
审核人签字			审核日期		

目　录

1　装置检验要求及注意事项

2　保护装置检验准备工作

3　二次回路绝缘测试

4　微机保护上电检查

5　开入量检验

6　输出触点及输出信号检查（可结合保护整组试验进行）

7　交流回路校验

8　差动保护功能检验

9　后备保护功能检验

10　非电量保护装置测试（LFP—974A）

11　用实际断路器做传动试验

12　装置投运准备工作

13　带负荷测试

14　保护装置检验结论及遗留问题

附件一　继电保护二次工作保护压板及设备投切位置确认单

附件二　继电保护二次工作安全措施票

1 装置检验要求及注意事项

1.1 新安装装置的检验应按本检验报告规定的全部项目进行。

1.2 定期检验的全部检验项目按本检验报告中注 "＊" "Δ" 号的项目进行。

1.3 定期检验的部分检验项目按本检验报告中注 "Δ" 号的项目进行。

1.4 每 2 年进行一次部分检验，6 年进行一次全部检验，结合一次设备停电进行断路器的传动试验。

1.5 装置检验详细步骤参照相应规程及生产厂家说明书。

1.6 本作业指导书以书面的形式保存现场班组。

1.7 试验过程中的注意事项。

1.7.1 断开直流电源后才允许插、拔插件，插、拔插件必须有措施，防止因人身静电损坏集成电路芯片。插、拔交流插件时应防止交流电流回路开路。

1.7.2 存放 E^2PROM 芯片的窗口要用防紫外线的不干胶封死。

1.7.3 调试中不要更换芯片，确要更换芯片时应采用人体防静电接地措施，芯片插入的方向应正确，并保证接触可靠。

1.7.4 原则上不能使用电烙铁，试验中确需电烙铁时，应采用带接地线的烙铁或电烙铁断电后再焊接。

1.7.5 试验过程中，应注意不要将插件插错位置。

1.7.6 使用交流电源的电子仪器进行电路参数测试时，仪器外壳应与保护屏在同一点接地。

1.7.7 打印机在通电状态下，不能强行转动走纸旋钮，走纸可通过打印机按键操作或停电后进行。

1.7.8 因检验需要临时短接或断开的端子应逐个记录，并在试验结束后及时恢复。

1.7.9 继电器电压线圈及二次回路通电试验时的注意事项：

1.7.9.1 二次回路通电试验时或进行断路器传动试验时，应通知值班员和有关人员，再经过运行负责人员的同意，并派人到各现场看守，检查回路上确实无人工作后，方可通电；拉合断路器的操作应由运行人员进行。

1.7.9.2 二次回路通电压试验时，为防止由电压互感器二次侧向一次侧反充电，除应将电压互感器二次熔丝断开外，还应取下断线闭锁电容。

1.7.10 为防止接错线，造成跳闸：

1.7.10.1 拆（接）线时应实行二人检查制，一人拆（接）线，一人监护，并要逐项记录，恢复接线时，要根据记录认真核对。

1.7.10.2 变更二次回路接线时，事先应经过审核，拆动接线前与原图核对，接线修改后要与新图核对，拆除没用的线，防止寄生回路存在。

1.7.11 在二次回路工作时，凡遇到异常情况（如开关跳闸等）不论与本身工作是否有关，立即停止工作，保持现状，查明原因，确定与本身工作无关后方可继续工作。

1.7.12 搬运及摆放试验设备、梯子等其他工作用具时应与运行设备保持一定距离，防止误触误碰运行设备，造成保护误跳闸。

1.7.13 为防止低压触电伤害：

1.7.13.1 拆（接）试验线时，必须把电流、电压降至零位，关闭电源开关后方可进行。

1.7.13.2　试验用的接线卡子，必须带绝缘套。

1.7.13.3　试验接线不允许有裸露处，接头要用绝缘胶布包好，接线端子旋钮要拧紧。

1.7.14　防止电流互感器二次开路及电压二次回路接地或短路：

1.7.14.1　不得将电流互感器二次回路及电压互感器二次回路接地回路的永久接地点断开。

1.7.14.2　短路电流互感器二次绕组时，必须使用短路片或短路线，短路应妥善可靠。

1.7.14.3　严禁在带电的电流互感器端子之间的二次回路和导线上进行任何工作。

1.7.14.4　工作时必须有专人监护，使用绝缘工具，并站在绝缘垫上。

1.7.14.5　在带电电压互感器二次回路工作时，应使用绝缘工具，戴手套，必要时设专人监护。

1.7.14.6　接临时负载，必须使用专用的刀闸和熔断器。

2　保护装置检验准备工作

2.1　检验前准备工作

Δ2.1.1　认真了解检验装置的一、二次设备运行情况，了解与运行设备相关的连线，制定安全技术措施。

序　号	了解事项	内　　容			
1	检验装置的一次设备运行情况	停电		不停电	
2	相邻的二次设备运行情况				
3	与运行设备相关的连线情况	详见安全措施票			
4	控制措施交待（工作票）	工作票编号		交待情况	
5	其他注意事项				

Δ2.1.2　工具材料准备（准备情况良好打√，存在问题加以说明）。

序　号	检验所需材料	准备情况	检查人
1	与实际状况一致的图纸		
2	上次检验记录		
3	最新定值通知单		
4	工具和试验线		
5	备品备件		
6	继电保护二次工作保护压板及设备投切位置确认单		

2.1.3 保护检验所使用的仪器仪表。

序 号	名 称	型 号	编 号	生产厂家
1	微机保护试验仪			
2	相位表			
3	电流表			
4	电压表			
5	数字万用表			
6	兆欧表			
7	毫秒计			

2.1.4 装置验收检验准备工作。

序号	检查内容	检查情况	检验人
1	装置的原理接线图及与之相符的二次回路安装图		
2	电缆敷设图、编号图		
3	断路器操动机构图		
4	电流、电压互感器端子箱图及二次回路分线箱图纸		
5	成套保护、自动装置原理和技术说明书		
6	断路器操动机构说明书		
7	电流、电压互感器的出厂试验报告		
8	根据设计图纸核对装置的安装位置是否正确		
其他补充事项：			

Δ2.1.5 进行检验工作前办理工作许可手续，检验《继电保护二次工作保护压板及设备投切位置确认单》。

检验人签字：_____

＊2.1.6 瓦斯继电器（按照维护范围试验）。

注：瓦斯继电器每四年进行一次全部定检，原则上配合主变压器大修同步进行。

（1）本体瓦斯继电器

型号	制造厂家	出厂日期	投运日期	整定流速	气体动作容积

（2）调压瓦斯继电器。

型号	制造厂家	出厂日期	投运日期	整定流速

2.2 装置外部检查

2.2.1 保护装置外部检查

序号	检 查 内 容	备注
1	装置的配置、型号、额定参数、直流电源额定电压、交流额定电流、电压等是否与设计相一致	
2	保护屏、箱体：安装端正、牢固、插接良好，外壳封闭良好，屏体、箱体可靠接地（保护屏有接地端子并用截面>4mm²的多股铜线直接接地），接地端子与屏上的接地线用铜螺丝压接，静态保护屏间用截面为100mm²的接地铜排相连	
3	屏柜上的连接片、把手、按钮等各类标志应正确完整清晰，并与图纸和运行规程相符	
4	将保护屏上不参与正常运行的连接片取下	
5	装置原理、回路接线：装置原理符合有关规程、反措要求，回路接线正确	
6	运行条件：装置附近无强热源、强电磁干扰源。有空调设备，环境温度−5℃至30℃，空气相对湿度<75%。地网接地符合规程要求	
Δ7	装置内外部是否清洁无灰尘，清扫电路板及柜体内端子排上的灰尘	
Δ8	检查装置的小开关、拨轮、按钮等是否良好；显示屏是否清晰，文字清楚	
Δ9	检查各插件印刷电路板是否损伤、变形，连线是否连接好	
Δ10	检查各插件上元件是否焊接良好，芯片是否插紧	
Δ11	检查各插件上变换器、继电器是否固定好，有无松动	
Δ12	检查端子排螺丝是否拧紧，后板配线连接是否良好	
Δ13	按照装置的技术说明书描述方法，根据实际需要检查、设定并记录装置插件内跳线和拨动开关的位置	

结论：

检验人签字：_____

Δ2.2.2 瓦斯继电器外部检查（按照维护范围试验）。

序号	检 查 内 容	备注
1	检查继电器的气密性	
2	检查继电器机械情况及触点工作情况	
3	检查继电器对油流速的定值	
4	检查在变压器上的安装情况	
5	检查电缆接线盒的质量及防油、防潮措施的可靠性	
Δ6	用打气筒或人工吹气方法将空气打入继电器，检查其动作情况	
Δ7	用按探针的方法检查继电器的动作情况	
Δ8	测定继电器触点间及全部引出端子对地的绝缘。	

结论：

检验人签字：_____

Δ3 二次回路绝缘测试

两回路之间及各回路对地的绝缘测试，1000V 兆欧表，要求值大于1MΩ。条件：拔出电源插件（DC）、CPU1 插件（差动 CPU）、CPU2 插件（差动 CPU）、通讯插件（COM）；拔出显示面板（LCD）连接线；将打印机与装置连接断开；断开与其他保护的弱电联系回路；交流电压回路与其他回路可靠断开；将电压、电流回路的接地点断开。

序号	测试项目	测试绝缘电阻（MΩ）
Δ1	交流电压回路对地	
Δ2	交流电流回路对地	
Δ3	直流电源回路对地	
Δ4	跳闸与合闸回路对地	
Δ5	开关量（非电量）输入回路对地	
Δ6	信号回路对地	
Δ7	瓦斯继电器触点之间	
8	交流电压回路对交流电流回路	
9	交流电压回路对直流电源回路	
10	交流电压回路对跳闸与合闸回路	
11	交流电压回路对开关量输入回路	
12	交流电压回路对信号回路	
13	交流电流回路对直流电源回路	
14	交流电流回路对跳闸与合闸回路	
15	交流电流回路对信号回路	
16	交流电流回路对开关量输入回路	
17	直流电源回路对信号回路	
18	跳闸与合闸回路对信号回路	
19	开关量输入回路对信号回路	

结论：

检验人签字：_____

4　微机保护上电检查

Δ4.1 装置通电前检查保护装置的逆变电源插件运行时间：_____（超过 4～5 年应更换）。

Δ4.2　加上直流电压（100% U_H，80% U_H），合装置电源开关，装置直流电源消失时不应动作，并有输出接点启动告警信号。（　　）

4.3　直流电源恢复（包括外加直流电源由零缓慢调至 80% 额定值时，装置应能自启动。延时几秒钟，装置"运行"绿灯亮，"报警"黄灯亮。（　　　）

Δ4.4 打印机功能检查：

① 打印机卫生清扫干净、接口线紧固、无松动。　　　（　　　）

② 打印机自检、打印报告应完好。　　　（　　　）

Δ4.5　整定时钟：观察装置时间是否与当前时间一致，拉掉电源 5 分钟后，再合上电源，检查液晶显示时间和日期是否依然准确。（　　　）

4.6　软件版本号及 CRC 校验码检验

	软件版本号	CRC 校验码	实际 CRC 校验码
差动保护			
后备保护			
管理板			

结论：

执行人签字：＿＿＿＿＿＿＿

＊5　开入量检验

5.1　复归按钮及打印按钮检验。结果（　　　　）

5.2　依次投入和退出屏上相应压板，查看液晶显示"保护状态"子菜单中"开入量状态"。

序号	开入量名称	装置端子号	保护板状态	管理板状态
1	差动保护投入	2B29－2B7		
2	I 侧相间后备保护投入	2B29－2B17		
3	I 侧接地零序保护投入	2B29－2B22		
4	I 侧不接地零序保护投入	2B29－2B13		
5	II 侧相间后备保护投入	2B29－2B9		
6	II 侧接地零序保护投入	2B29－2B10		
7	II 侧不接地零序保护投入	2B29－2B14		
8	III 侧后备保护投入	2B29－2B12		
9	退 I 侧电压投入	2B29－2B16		
10	退 II 侧电压投入	2B29－2B18		

结论：

执行人签字：＿＿＿＿＿＿＿

5.3　外部强电开入量

用有关继电器的实际动作，做开关量试验，查看液晶显示"保护状态"子菜单中"开入量状态"是否正确。

5.4　外部强电开入量

序号	开入量名称	装置端子号	屏柜端子号	保护板状态	管理板状态
1	I 侧开关 TWJ 输入	4B25－4B21			
2	II 侧开关 TWJ 输入	4B25－4B22			
3	III 侧开关 TWJ 输入	4B25－4B23			

结论：

执行人签字：＿＿＿＿＿＿＿

Δ6　输出触点及输出信号检查（可结合保护整组试验进行）

注 1：开关部分需根据实际工程设计图纸进行测试。

注 2：跳闸接点需投入相应的出口压板进行测试。

注 3：本项检查与功能试验一同进行。注意各接点的动作情况应与控制字一致。

6.1 报警、信号接点检查

当装置自检发现硬件错误时或失电，闭锁装置出口，并灭掉"运行"和发出装置闭锁信号 BSJ，检验方法：关闭装置电源。

当装置检测到装置长期起动、不对应起动、装置内部通信故障、TA 断线或异常、TV 断线或异常等情况时点亮"报警"灯，并启动信号继电器 BJJ。报警信号接点为瞬动接点。

序号	信号名称	中央信号接点	远方信号接点	事件记录接点	备注
1	装置闭锁	3A2 – 3A4	3A1 – 3A3	3B4 – 3B26	
2	装置报警信号	3A2 – 3A6	3A1 – 3A5	3B4 – 3B28	
3	TA 异常及断线信号	3A2 – 3A8	3A1 – 3A7	3B4 – 3B6	
4	TV 异常及断线信号	3A2 – 3A10	3A1 – 3A9	3B4 – 3B8	
5	过负荷保护信号	3A2 – 3A12	3A1 – 3A11	3B4 – 3B10	
6	III 侧零序报警信号	3A2 – 3A14	3A1 – 3A13	3B4 – 3B12	
7	I 侧报警信号	3A2 – 3A20	3A1 – 3A19	3B4 – 3B18	
8	II 侧报警信号	3A2 – 3A22	3A1 – 3A21	3B4 – 3B20	
9	III 侧报警信号	3A2 – 3A24	3A1 – 3A23	3B4 – 3B22	

结论：

执行人签字：＿＿＿＿＿＿＿

6.2 跳闸信号接点检查

所有动作于跳闸的保护动作后，点亮 CPU 板上的"跳闸"灯，并启动相应的跳闸信号继电器。"跳闸"灯、中央信号接点为磁保持。

序号	信号名称	中央信号接点	远方信号接点	事件记录接点	备注
1	差动保护跳闸	2A1 – 2A3	2A2 – 2A6	2A4 – 2A8	
2	I 侧保护跳闸	2A1 – 2A7	2A2 – 2A14	2A4 – 2A16	
3	II 侧保护跳闸	2A1 – 2A9	2A2 – 2A18	2A4 – 2A20	
4	III 侧保护跳闸	2A1 – 2A11	2A2 – 2A22	2A4 – 2A24	

结论：

执行人签字：＿＿＿＿＿＿＿

6.3 跳闸输出接点检查

序号	跳闸输出量名称	装置端子号	备注
1	跳 I 侧开关	1A3 – 1A5，1A7 – 1A9，1A11 – 1A13，1A15 – 1A17	
2	跳 II 侧开关	1A19 – 1A21，1A23 – 1A25，1A27 – 1A29，1B1 – 1B3	
3	跳 III 侧开关	1B17 – 1B19	
4	跳 IV 侧开关	1B21 – 1B23	
5	跳 I 侧母联	1B5 – 1B7，1B9 – 1B11，1B13 – 1B15	
6	跳 II 侧母联	1B29 – 1B30	

续表

序号	跳闸输出量名称	装置端子号	备　注
7	跳 III 侧分段	1B25－1B27	
8	跳闸备用 1	1B14－1B16，1B18－1B20	
9	跳闸备用 2	1B22－1B24，1B26－1B28	
10	跳闸备用 3	1A2－1A4，1A6－1A8，1A10－1A12，1A14－1A16	
11	跳闸备用 4	1A18－1A20，1A22－1A24	
12	跳闸备用 5	1A26－1A28，1B2－1B4，1B6－1B8，1B10－1B12	

结论：

执行人签字：＿＿＿＿＿＿

6.4　其他输出接点检查

序号	其他输出量名称	装置端子号	屏柜端子号	备注
1	主变启动风冷 I 段	3A28－3A30，3A27－3A29		
2	主变闭锁有载调压	3B25－3B27，33B29－3B30		
3	主变各侧复压动作接点	3B17－3B19，3B21－3B23		

结论：

执行人签字：＿＿＿＿＿＿

7　交流回路校验

7.1　电压回路采样试验

序号	项目	表记指示值（V）	装置显示值				
			A 相	B 相	C 相	相位 A－B	相位 A－C
1	变压器 I 侧电压	Δ60					
		20					
2	变压器 II 侧电压	Δ60					
		20					
3	变压器 III 侧电压	Δ60					
		20					
4	变压器 I 侧零序电压	50					
		Δ100					
		150					
		100					

结论：

执行人签字：＿＿＿＿＿＿

7.2　电流回路采样试验

序号	项目	表记指示值（A）	装置显示值				
			A 相	B 相	C 相	相位 A－B	相位 A－C
1	变压器 I 侧 1 支路电流	5					
		20					
2	变压器 II 侧 1 支路电流	5					
		20					
3	变压器 III 侧 1 支路电流	5					
		20					
4	变压器 I 侧零序电流	5					
		20					
5	变压器 I 侧间隙零序电流	5					
		20					

结论：

执行人签字：_____

Δ8　差动保护功能检验

高压侧二次额定电流 I_{1e}：_____　A

低压侧二次额定电流 I_{2e}：_____　A

$$I_e = S/\sqrt{3U_e} * \quad （CT 变比值）$$

将"差动速断投入""比率差动投入""工频变化量比率差动投入""三次谐波闭锁投入"控制字分别投入（置"1"），投入变压器差动保护硬压板。

8.1　从高压侧、低压侧同时加入额定的三相正序电流，高、低压侧对应相的电流相角为 $180°$，装置显示差流应为 0，实际显示差流值为_____ mA。

结论：

执行人签字：_____

Δ8.2　动作值测试

项目		差动保护	差动速断	差流报警
整定值				
高压侧	A 相			
	B 相			
	C 相			
中压侧	A 相			
	B 相			
	C 相			
低压侧	A 相			
	B 相			
	C 相			

8.3　比例差动制动检验

各侧电流（变压器三侧取较大的一侧）的制动电流必须大于拐点电流，这样才进入制动区，在任意一侧任意一相加入电流 I_1，查看装置中"保护状态＼保护板状态＼计算差流"项中的"制动 X 相"，通过记录"制动 X 相"，$I_{1/2}$ 即可描绘出比率差动制动曲线。

序号	电流 $I_{1/2}$ 标幺值	"制动 X 相"标幺值
1		
2		
3		
4		
5		
6		
7		

结论：

执行人签字：_____

8.4　二次谐波制动系数检验

差动谐波制动系数的测试：在单相通入一定比例的基波和二次谐波的叠加电流。

基波：_____ A　二次谐波：_____ A　　二次谐波含量≥_____%　可靠制动。

整定值（％）	试验值（％）	备注

结论：

执行人签字：_____

8.5　三次谐波制动系数检验

差动谐波制动系数的测试：在单相通入一定比例的基波和三次谐波的叠加电流。

基波：_____ A　三次谐波：_____ A　　三次谐波含量≥_____%　可靠制动。

整定值（％）	试验值（％）	备注

结论：

执行人签字：_____

8.6　TA 断线闭锁测试

"变压器比率差动投入"置1。

①"TA 断线闭锁比率差动"置1。

两侧三相均加上额定电流和电压，分别断开任意一相电流，装置发"变压器 TA 断线"信号并闭锁变压器比率差动，但不闭锁差动速断。

②"TA 断线闭锁比率差动"置0。

两侧三相均加上额定电流和电压，分别断开任意一相电流，变压器比率差动动作并发"变压器差动 TA 断线"信号。

退掉电流、复位装置才能清除"变压器差动 TA 断线"信号。

结论：

执行人签字：

9　后备保护功能检验

将各后备保护时限控制字置"1"，投入相应保护硬压板。过流保护经复合电压闭锁控制字按实际定值单整定。

Δ9.1　复合电压闭锁过流保护定值测试

Δ9.1.1　高压侧复合电压闭锁过流保护电流、时间定值测试（电流定值 = ＿＿＿＿＿＿＿ A，T_1 = ＿＿＿＿＿＿ s，T_2 = ＿＿＿＿＿＿ s）。

相别	复压闭锁过流 1 段		
	A 相	B 相	C 相
动作值（A）			
T_1 动作时间（s）			
T_2 动作时间（s）			

结论：

执行人签字：＿＿＿＿＿＿＿

9.1.2　高压侧复合电压闭锁过流保护低电压、负序电压定值测试（高后备相间低电压定值 = ＿＿＿＿＿＿＿ V，高后备负序相电压定值 = ＿＿＿＿＿＿＿ V）。

相别	相间低电压			负序相电压
	AB 相	BC 相	CA 相	（加入三相平衡负序电压）
动作值（V）				

结论：

执行人签字：＿＿＿＿＿＿＿

Δ9.1.3　中压侧复合电压闭锁过流保护电流、时间定值测试（电流定值 = ＿＿＿＿＿＿＿ A，T_1 = ＿＿＿＿＿＿ s，T_2 = ＿＿＿＿＿＿ s）。

相别	复压闭锁过流 1 时段		
	A 相	B 相	C 相
动作值（A）			
T_1 动作时间（s）			
T_2 动作时间（s）			

结论：

执行人签字：＿＿＿＿＿＿＿

9.1.4　中压侧复合电压闭锁过流保护低电压、负序电压定值测试（中后备相间低电压定值 = ＿＿＿＿＿＿＿ V，中后备负序相电压定值 = ＿＿＿＿＿＿＿ V）。

	相间低电压			负序相电压
相别	AB 相	BC 相	CA 相	（加入三相平衡负序电压）
动作值（V）				

结论：

执行人签字：＿＿＿＿＿＿

Δ9.1.5　低压侧复合电压闭锁过流保护电流、时间定值测试（电流定值 = ＿＿＿＿＿＿ A，T = ＿＿＿＿＿＿ s）。

	复压闭锁过流 1 时限		
相别	A 相	B 相	C 相
动作值（A）			
动作时间（s）			

结论：

执行人签字：＿＿＿＿＿＿

9.1.6　低压侧复合电压闭锁过流保护低电压、负序电压定值测试

（低后备相间低电压定值 = ＿＿＿＿＿＿ V，低后备负序相电压定值 = ＿＿＿＿＿＿ V）。

	相间低电压			负序相电压
相别	AB 相	BC 相	CA 相	（加入三相平衡负序电压）
动作值（V）				

结论：

执行人签字：＿＿＿＿＿＿

Δ9.1.7 中性点零序过流保护定值（电流定值 = ＿＿＿＿＿＿ A，T = ＿＿＿＿＿＿ s）测试。

	动作值（A）	动作时间（s）
中性点零序过流保护		

结论：

执行人签字：＿＿＿＿＿＿

Δ9.1.8　中性点间隙零序过流、过压保护定值测试（电流定值 = ＿＿＿＿＿＿ A，T = ＿＿＿＿＿＿ s；电压定值 = ＿＿＿＿＿＿ V，T = ＿＿＿＿＿＿ s）。

	动作值（A）	动作时间（s）
中性点间隙零序过流保护		
中性点过电压保护		

结论：

执行人签字：＿＿＿＿＿＿

9.1.9　相关控制字功能测试。

本项试验可结合各侧保护定值测试同步进行。

序号	检验项目	结论
1	"本侧电压退出" 逻辑功能	
2	"TV 断线保护投退原则" 逻辑功能	
3	"复压闭锁" 逻辑功能	
4	"复压闭锁经其他侧起动" 逻辑功能	

结论：

执行人签字：＿＿＿＿＿＿＿

9.1.10 高压侧过负荷、起动风冷、闭锁调压定值测试。

过负荷（电流定值 = ＿＿＿＿＿＿ A，T = ＿＿＿＿＿＿ s）

起动风冷（电流定值 = ＿＿＿＿＿＿ A，T = ＿＿＿＿＿＿ s）

闭锁调压（电流定值 = ＿＿＿＿＿＿ A，T = ＿＿＿＿＿＿ s）

	过负荷		起动风冷		闭锁调压	
	动作值（A）	动作时间（s）	动作值（A）	动作时间（s）	动作值（A）	动作时间（s）
A 相						
B 相						
C 相						

结论：

执行人签字：＿＿＿＿＿＿＿

Δ10 非电量保护装置测试（LFP—974A）

10.1 电流回路采样试验

序号	项目	表记指示值（A）	装置显示值				
			A 相	B 相	C 相	相位 A - B	相位 A - C
1	变压器 I 侧 1 支路电流	5					
		20					

结论：

执行人签字：＿＿＿＿＿＿＿

10.2 非电量开入

序号	输入、输出量名称	装置端子号	装置显示	连接压板	备注
1	延时非电量压板				
2	非全相保护压板				
3	变压器保护动作接点开入				
4	断路器合闸位置接点开入				
5	强弱电三相不一致开入				
6	冷控失电延时跳闸				
7	非电量 2 延时跳闸				
8	非电量 3 延时跳闸				

续表

序号	输入、输出量名称	装置端子号	装置显示	连接压板	备　注
9	三相不一致				
10	本体重瓦斯跳闸				
11	有载重瓦斯跳闸				
12	绕组过温跳闸				
13	压力释放跳闸				
14	压力突变跳闸				
15	本体轻瓦斯信号				
16	有载轻瓦斯信号				
17	本体油位异常信号				
18	有载油位异常信号				
19	油温高信号				
20	绕组温高信号				
21	非电量16信号				

结论：

执行人签字：_____

10.3　失灵启动测试

将失灵电流启动控制字投入置1，短接变压器保护动作接点开入，投入分别加各相电流至定值，失灵启动动作，接点708－710、727－728、711－713、729－730应接通。（电流定值＝_____A）

相别	失灵启动		
	A相	B相	C相
动作值（A）			

结论：

执行人签字：_____

10.4　非全相保护测试

将非全相保护第一时限、不一致接点投入、非全相零序闭锁控制字置1，投入非全相保护硬压板，短接断路器三相不一致接点开入，加单相电流定值，非全相保护动作，测量出口接点723－724、725－726。整定值（I_0 =　　　　），动作值（I_0 =　　　　）。

结论：

执行人签字：

Δ11　用实际断路器做传动试验

（要求开关传动试验打印报告附后，并且至少有一次体现主保护动作情况）

11.1　模拟开关防跳试验

保护及开关实际动作情况：

11.2　模拟差动保护动作

保护及开关实际动作及中央信号表示情况：

11.3　模拟高压侧过流保护动作

保护及开关实际动作及中央信号表示情况：

11.4　模拟中压侧过流保护动作

保护及开关实际动作及中央信号表示情况：

11.5　模拟低压侧过流保护动作

保护及开关实际动作及中央信号表示情况：

11.6　中性点零序过流保护动作

保护及开关实际动作及中央信号表示情况：

11.7　重瓦斯动作，轻瓦斯信号

保护及开关实际动作及中央信号表示情况：

11.8　调压重瓦斯动作（该项试验视变压器的具体型号而定）

保护及开关实际动作及中央信号表示情况：

结论：

执行人签字：_____

＊12　**装置投运准备工作**

Δ12.1　投入运行前的准备工作：

12.1.1　现场工作结束后，工作负责人检查试验记录有无漏试验项目，核对装置的整定值是否与定值单相符。（　　）

12.1.2　盖好所有装置及辅助设备的盖子，各装置插板扣紧。（　　）

12.1.3　二次回路接线恢复，拆除在检验时使用的试验设备、仪表及一切连接线，所有被拆除的或临时接入的连线应全部恢复正常，装置所有的信号应复归。（　　）

12.1.4　压板核对及安全措施恢复。（　　）

注：按照继电保护安全措施票及压板确认单恢复安全措施。

检验人：

12.1.5　对运行人员交代事项：

（1）填写及交代继电保护记录簿，将主要检验项目、试验结果及结论、定值通知单检验情况详细记录在内，向运行负责人员交代检验结果、设备变动情况或遗留问题，并写明该装置可以投入运行。（　　）

（2）交代运行人员在将装置投入前，必须用高内阻电压表以一端对地测保护出口压板端子电压的方法，检查并证实被检验的继电保护装置及安全自动装置确实未给出跳闸或合闸脉冲，才允许将装置的跳合闸连接片投到投入位置。（　　）

工作负责人签字：＿＿＿＿＿＿

13　带负荷测试

13.1　系统电压定相

		保护屏高压侧电压（V）					保护屏低压侧电压（V）				
		U_A	U_B	U_C	U_N	U_L	U_A	U_B	U_C	U_N	U_L
高侧基准电压	U_A						—	—	—	—	—
	U_B						—	—	—	—	—
	U_C						—	—	—	—	—
	U_N						—	—	—	—	—
	U_L						—	—	—	—	—
低侧基准电压	U_A	—	—	—	—	—					
	U_B	—	—	—	—	—					
	U_C	—	—	—	—	—					
	U_N	—	—	—	—	—					
	U_L	—	—	—	—	—					

结论：

13.2　交流回路相位测试

13.2.1　主变有功：＿＿＿＿＿＿＿；主变无功：＿＿＿＿＿＿＿；表计负荷电流：＿＿＿＿＿＿＿。

13.2.2　以＿＿＿＿＿＿＿电压为基准。测得数值如下。

高压侧：

相别	电流	电压	角度
A 相			
B 相			
C 相			
N 相			

低压侧：

相别	电流（A）	电压（V）	角度（°）
A 相			
B 相			
C 相			
N 相			

结论：

检验人签字：_____

Δ13.2.3　差流电流：

相别	A 相差流（A）	B 相差流（A）	C 相差流（A）	N 相差流
电流值				

结论：

检验人签字：_____

Δ14　保护装置检验结论及遗留问题

工作负责人签字：_____

附件一　继电保护二次工作保护压板及设备投切位置确认单

被试设备名称	
工作负责人	工作时间
工作内容	

运行人员所布置的安全措施：包括应断开及恢复的空气开关（刀闸）、直流铅丝、切换把手、保护压板、连接片、直流线、交流线、信号线、联锁和联锁开关等

序　号	运行人员所布置的安全措施内容	开工前状态				工作结束后状态			
		投入位置	退出位置	运行人员确认签字	继电保护人员签字	投入位置	退出位置	运行人员确认签字	继电保护人员签字

　　填写要求：① 在"运行人员所布置的安全措施内容"栏目内填写具体名称；② 在"投入位置"或"退出位置"栏内写"投"或"退"；③ 未填写的空白栏目内全部画"————————"；④ 附在保护记录中存档。

附件二 继电保护二次工作安全措施票

被试设备名称					
工作负责人		工作时间		签发人	
工作内容					

安全措施：包括应打开恢复连接片、直流线、交流线、信号线、联锁和联锁开关等，按工作顺序填用安全措施

序 号	执 行	安全措施内容	恢 复
1			
2			
3			
4			
5			
6			
7			
8			
9			
10			
11			
12			
13			
14			
15			
16			
17			
18			
19			
20			
21			
22			
23			
24			
25			
26			
27			
28			
29			
30			
31			
32			
33			
34			

检验人：　　　　　监护人：　　　　　恢复人：　　　　　监护人：

附录4

_____变电所_____微机备用电源装置
检验标准化作业指导书

装置型号：_____

制造厂家：_____

出厂日期：_____

投运日期：_____

辽宁省电力有限公司

设备变更记录

变更内容			变更日期	执行人
回路变更	1			
	2			
	3			
	4			
	5			
CT 改变比	1			
	2			
	3			
其他	1			
	2			
	3			

＿＿＿＿＿型微机备用电源装置检验
标准化作业指导书

工作负责人					
检验人员					
检验性质					
开始时间	年	月	日	时	分
结束时间	年	月	日	时	分
下次检验日期	年		月		
检验结论					
审核人签字			审核日期		

目　录

1　装置检验要求及注意事项

2　保护装置检验准备工作

3　屏柜及装置的检查

4　绝缘测试

5　装置基本功能检查

6　模拟量输入回路检查

7　备自投逻辑功能检查

8　保护带断路器试验

9　装置投运准备工作

10　带负荷测试

11　装置检验发现问题及处理情况

附件一　继电保护二次工作保护压板及设备投切位置确认单

附件二　继电保护二次工作安全措施票

1 装置检验要求及注意事项

1.1 新安装装置的检验应按本检验报告规定的全部项目进行。

1.2 定期检验的全部检验项目按本检验报告中注"＊""Δ"号的项目进行。

1.3 定期检验的部分检验项目按本检验报告中注"Δ"号的项目进行。

1.4 每2年进行一次部分检验，6年进行一次全部检验，结合一次设备停电进行断路器的传动试验。

1.5 装置检验详细步骤参照相应规程及生产厂家说明书。

1.6 本作业指导书以书面的形式保存现场班组。

1.7 试验过程中的注意事项。

1.7.1 断开直流电源后才允许插、拔插件，插、拔插件必须有措施，防止因人身静电损坏集成电路芯片。插、拔交流插件时应防止交流电流回路开路。

1.7.2 存放 E^2PROM 芯片的窗口要用防紫外线的不干胶封死。

1.7.3 调试中不要更换芯片，确要更换芯片时应采用人体防静电接地措施，芯片插入的方向应正确，并保证接触可靠。

1.7.4 原则上不能使用电烙铁，试验中确需电烙铁时，应采用带接地线的烙铁或电烙铁断电后再焊接。

1.7.5 试验过程中，应注意不要将插件插错位置。

1.7.6 使用交流电源的电子仪器进行电路参数测试时，仪器外壳应与保护屏在同一点接地。

1.7.7 打印机在通电状态下，不能强行转动走纸旋钮，走纸可通过打印机按键操作或停电后进行。

1.7.8 因检验需要临时短接或断开的端子应逐个记录，并在试验结束后及时恢复。

1.7.9 继电器电压线圈及二次回路通电试验时的注意事项：

1.7.9.1 二次回路通电试验时或进行断路器传动试验时，应通知值班员和有关人员，再经过运行负责人员的同意，并派人到各现场看守，检查回路上确实无人工作后，方可通电；拉合断路器的操作应由运行人员进行。

1.7.9.2 二次回路通电压试验时，为防止由电压互感器二次侧向一次侧反充电，除应将电压互感器二次熔丝断开外，还应取下断线闭锁电容。

1.7.9.3 继电器电压线圈通电时，应断开其电压回路的接线。

1.7.10 为防止接错线，造成跳闸：

1.7.10.1 拆（接）线时应实行二人检查制，一人拆（接）线，一人监护，并要逐项记录，恢复接线时，要根据记录认真核对。

1.7.10.2 变更二次回路接线时，事先应经过审核，拆动接线前与原图核对，接线修改后要与新图核对，拆除没用的线，防止寄生回路存在。

1.7.11 在二次回路工作时，凡遇到异常情况（如开关跳闸等）不论与本身工作是否有关，立即停止工作，保持现状，查明原因，确定与本身工作无关后方可继续工作。

1.7.12 搬运及摆放试验设备、梯子等其他工作用具时应与运行设备保持一定距离，防止误触误碰运行设备，造成保护误跳闸。

1.7.13 为防止低压触电伤害：

1.7.13.1　拆（接）试验线时，必须把电流、电压降至零位，关闭电源开关后方可进行。

1.7.13.2　试验用的接线卡子，必须带绝缘套。

1.7.13.3　试验接线不允许有裸露处，接头要用绝缘胶布包好，接线端子旋钮要拧紧。

1.7.14　防止电流互感器二次开路及电压二次回路接地或短路：

1.7.14.1　不得将电流互感器二次回路及电压互感器二次回路接地回路的永久接地点断开。

1.7.14.2　短路电流互感器二次绕组时，必须使用短路片或短路线，短路应妥善可靠。

1.7.14.3　严禁在带电的电流互感器端子之间的二次回路和导线上进行任何工作。

1.7.14.4　工作时必须有专人监护，使用绝缘工具，并站在绝缘垫上。

1.7.14.5　在带电电压互感器二次回路工作时，应使用绝缘工具，戴手套，必要时设专人监护。

1.7.14.6　接临时负载，必须使用专用的刀闸和熔断器。

2　保护装置检验准备工作

2.1　检验前准备工作

Δ2.1.1　认真了解检验装置的一、二次设备运行情况，了解与运行设备相关的连线，制定安全技术措施。

序　号	了解事项	内　　容			
1	检验装置的一次设备运行情况	停电		不停电	
2	相邻的二次设备运行情况				
3	与运行设备相关的联线情况	详见安全措施票			
4	控制措施交待（工作票）	工作票编号		交待情况	
5	其他注意事项				

Δ2.1.2　工具材料准备（准备情况良好打√，存在问题加以说明）。

序　号	检验所需材料	准备情况	检查人
1	与实际状况一致的图纸		
2	上次检验记录		
3	最新定值通知单		
4	工具和试验线		
5	备品备件		
6	继电保护二次工作保护压板及设备投切位置确认单		

Δ2.1.3　仪器仪表。

序　号	名　　称	型　号	编　号	生产厂家
1	微机保护试验仪			
2	模拟断路器			
3	数字万用表			
4	交流电流表			
5	交流电压表			
6	相位表			
7	500V 摇表			
8	1000V 摇表			
9	2500V 摇表			

2.2　装置验收检验准备工作

序号	检查内容	检查情况	检验人
1	装置的原理接线图及与之相符的二次回路安装图		
2	电缆敷设图、编号图		
3	断路器操动机构图		
4	电流、电压互感器端子箱图及二次回路分线箱图纸		
5	成套保护、自动装置原理和技术说明书		
6	断路器操动机构说明书		
7	电流、电压互感器的出厂试验报告		
8	根据设计图纸核对装置的安装位置是否正确		
其他补充事项：			

Δ2.3　进行检验工作前办理工作许可手续，执行《继电保护二次工作保护压板及设备投切位置确认单》。

检验人签字：_____

3　屏柜及装置的检查

序号	检 查 内 容	检查结果
1	装置的配置、型号、额定参数、直流电源额定电压、交流额定电流、电压等是否与设计相一致	
2	保护屏、箱体：安装端正、牢固、插接良好，外壳封闭良好，屏体、箱体可靠接地（保护屏有接地端子并用截面 >4mm^2 的多股铜线），接地端子与屏上的接地线用铜螺丝压接，保护屏用截面 >50mm^2 的多股铜线与 100mm^2 接地铜排相连	

续表

序号	检 查 内 容	检查结果
3	屏柜上的连接片、把手、按钮等各类标志应正确完整清晰，并与图纸和运行规程相符，将保护屏上不参与正常运行的连接片取下	
4	检查二次电缆屏蔽线接地是否符合反措规定的要求，用截面 $>4mm^2$ 的多股铜线与接地铜排相连	
5	装置原理、回路接线：装置原理符合有关规程、反措要求，回路接线正确。	
6	运行条件：装置附近无强热源、强电磁干扰源。有空调设备，环境温度 $-5℃$ 至 $30℃$，空气相对湿度 $<75\%$。地网接地符合规程要求	
Δ7	用钳形电流表检查流过保护二次电缆的屏蔽层的电流值为（　　）mA，若无电流应检查电缆屏蔽层接地是否良好	
Δ8	装置内外部是否清洁无灰尘，清扫电路板及柜体内端子排上的灰尘	
Δ9	检查装置的小开关、拨轮、按钮等是否良好；显示屏是否清晰，文字清楚	
Δ10	检查各插件印刷电路板是否损伤、变形，连线是否连接好	
Δ11	检查各插件上元件是否焊接良好，芯片是否插紧	
Δ12	检查各插件上变换器、继电器是否固定好，有无松动	
Δ13	检查端子排螺丝是否拧紧，后板配线连接是否良好	

检验人签字：＿＿＿＿＿＿＿

Δ4　绝缘测试

条件：仅在新安装的验收试验时进行绝缘试验，按照装置技术说明书的要求拔出相关插件（1000V 兆欧表，要求值大于 $1M\Omega$）。

序号	测试项目	测试值（MΩ）
1	交流电压回路端子对地	
2	交流电流回路端子对地	
3	直流电源回路端子对地	
4	信号回路端子对地	
5	交流电压回路对交流电流回路	
6	交流电压回路对直流电源回路	
7	交流电压回路对信号回路	
8	交流电流回路对直流电源回路	
9	交流电流回路对信号回路	
10	直流电源回路对信号回路	

检验人签字：＿＿＿＿＿＿＿

Δ5　装置基本功能检查

5.1　时钟工作情况检查　　　　　　　　　　检查结果：（　　　）

5.2　定值区及定值固化功能检查　　　　　　检查结果：（　　　）

5.3　打印功能检查　　　　　　　　　　　　　检查结果：（　　　）

5.4　定值打印及核对　　　　　　　　　　　　检查结果：（　　　）

5.5　装置液晶上电检查及进入菜单操作　　　　检查结果：（　　　）

5.6　版本信息

名称	版　本　号	校验码	形成时间

检验人签字：_____

Δ5.7　开关量输入回路检查

名称	1DL 一组二次 TWJ	2DL 二组二次 TWJ	3DL 分段开关 TWJ	闭锁分段 BZT
显示				
名称	4DL 一组一次 TWJ	5DL 二组一次 TWJ	3DL 分段开关合后	闭锁主变 BZT
显示				
名称	1DL 一组二次合后	2DL 二组二次合后	分段 BZT 投退	主变 BZT 投退
显示				
名称				
显示				

检验结果：

Δ6　模拟量输入回路检查

6.1　装置零漂检查及调整

（1）备用电源装置零漂检查：

名　称	U_{ab1}	U_{bc1}	U_{ca1}	U_{ab2}	U_{bc2}	U_{ca2}	U_{L1}	U_{L2}
零漂值（V）								
名　称	IL1：1B	IL2：2B	IFA	IFB	IFC			
零漂值（A）								
技术标准	［－0.2，+0.2］							

（2）后加速装置零漂检查：

名　称	U_{ab1}	U_{bc1}	U_{ca1}	U_{ab2}	U_{bc2}	U_{ca2}	I_{a1}	I_{b1}
零漂值（V）								
名　称	I_{c1}	I_{a2}	I_{b2}	I_{c2}				
零漂值（A）								
技术标准	［－0.2，+0.2］							

6.2　备自投装置电压、电流通道线性度检查（单位：V，A）

通道名称 \ 标准值			20		40		100	
	显示值	误差	显示值	误差	显示值	误差	显示值	误差
U_{ab1}								
U_{bc1}								
U_{ca1}								
U_{ab2}								
U_{bc2}								
U_{ca2}								
U_{L1}								
U_{L2}								
技术标准	标准值与显示值的最大误差不大于2%							

电流通道线性度检查（单位：A）

通道名称 \ 标准值	0.2		0.5／（20）		5		10	
	显示值	误差	显示值	误差	显示值	误差	显示值	误差
IL1								
IL2								
IFa								
IFb								
IFc								
技术标准	标准值与显示值的最大误差不大于2%							

6.3 后加速装置电压、电流通道线性度检查（单位：V，A）

通道名称 \ 标准值			20		40		100	
	显示值	误差	显示值	误差	显示值	误差	显示值	误差
U_{ab1}								
U_{bc1}								
U_{ca1}								
U_{ab2}								
U_{bc2}								
U_{ca2}								
技术标准	标准值与显示值的最大误差不大于±2%							

电流通道线性度检查（单位：A）

通道名称 \ 标准值	0.2		0.5		5		10	
	显示值	误差	显示值	误差	显示值	误差	显示值	误差
I_{a1}								
I_{b1}								

续表

标准值 通道名称	0.2		0.5		5		10	
	显示值	误差	显示值	误差	显示值	误差	显示值	误差
I_{c1}								
I_{a2}								
I_{b2}								
I_{c2}								
技术标准	标准值与显示值的最大误差不大于 ±2%							

7 备自投逻辑功能检查

Δ7.1 备自投定值单号：（　　　　　　　　）

定值内容：

核对人：

∗7.2 逻辑功能检查

7.2.1 变压器备投方式：一台主变运行，另一台主变备用。

充放电条件检查：

充电条件	1. 1#变运行、2#变备用： （1）Ⅰ母、Ⅱ母均有压；对侧母线有电压；主变备自投投入位置； （2）1#变一、二次开关在合位；分段开关在合位；2#变两侧开关在分位。 2. 2#变运行、1#变备用： （1）Ⅰ母、Ⅱ母均有压；对侧母线有电压；备自投投入位置； （2）2#变一、二次开关在合位；分段开关在合位；1#变两侧开关在分位
放电条件	（1）66kV 母线（进线）不满足有压条件超过整定时间； （2）各开关辅助接点输入量不满足充电条件； （3）外部闭锁有输入； （4）备自投启动发出跳闸命令以后，相关断路器拒动； （5）BQK 把手或主变 BZT 投退压板在退出位置

检查结果：（　　）

检验人签字：＿＿＿＿＿＿＿

7.2.2 分段备自投方式：2 台变压器运行，分段开关在分位。

充放电条件检查：

充电条件	（1）Ⅰ母、Ⅱ母均三相有压； （2）分段开关在分位； （3）分段备自投在投入位置

续表

放电条件	(1) 分段备自投在退出位置； (2) Ⅰ母、Ⅱ母均不符合有压条件的持续时间大于整定的放电时限； (3) 一组二次在合位或二组二次合位消失，或分段开关合上； (4) 其他外部闭锁信号有输入； (5) 一组二次或二组二次开关拒跳

检查结果：（   ）

检验人签字：_____

7.3 备自投装置动作特性校验

Δ7.3.1 保护定值检验。

条件：设置好开入回路，满足充电的开入条件，调节充放电时间至最小，调节各路电压，观察备自投充电及放电状态，检验进线电压、母线有压及无压定值；主变无流定值。

测试项目	1.05 倍定值动作情况	0.95 倍定值动作情况
线路有压定值 40V		
母线有压定值 40V		
母线无压定值 30V		
主变无流定值 0.4A		

以上各项定值检验结果：   检验人签字：

Δ7.3.2 动作逻辑检查。

7.3.2.1 主变备自投方式。

满足主变备自投充电条件后，分别模拟 1#主变和 2#主变故障，Ⅰ、Ⅱ母线均无压，主变无流，进线有压。检验主变备自投方式动作情况。

（1）动作情况：

① 模拟 1#主变无流，Ⅰ、Ⅱ母线同时失压，66kV PT 母线有压，此时主变备自投经（   ）动作，同时跳 1#主变高低压两侧开关，两侧开关跳开后经（   ）合 2#主变高压侧开关，再经（   ）侧开关。备自投动作闭锁 1#主变重合闸检验结果应正确。（   ）

② 模拟 2#主变无流，Ⅰ、Ⅱ母线同时失压，66kV PT 母线有压，此时主变备自投经（   ）动作，同时跳 2#主变高低压两侧开关，两侧开关跳开后经（   ）秒合 1#主

变高压侧开关，再经（　　　）秒合1#主变低压侧开关。备自投动作闭锁2#主变重合闸检验结果应正确。（　　　）

③ 动作过程中，检查到某个开关无变位（即开关拒动）后，备自投动作逻辑不再继续向后执行，液晶将会报开关拒动或拒合信息。（　　　）

（2）动作时间测试：

方　式	跳1#变开关	合2#变高压侧开关5DL	合2#变低压侧	闭锁1#主变重合闸
1#变运行；2#变备用				
方　式	跳2#变开关	合1#变高压侧4DL	合1#变低压侧	闭锁2#主变重合闸
2#变运行；1#变备用				

检查结果：

检验人签字：＿＿＿＿＿＿＿

7.3.2. 分段备用方式。

满足分段备用方式充电条件后，分别模拟1#主变和2#主变故障，Ⅰ母或Ⅱ母线无压，对应主变无流，对侧Ⅱ母或Ⅰ母线有压。检验分段备自投方式动作情况。

（1）动作过程：

① 当1#主变无流、Ⅰ母线失压、Ⅱ母线有压，此时分段备自投经（　　　）秒动作，跳1#主变低压侧开关，低压侧开关跳开后经（　　　）秒合分段开关，分段备自投动作闭锁1#主变重合闸检验结果应正确。（　　　）。

② 当2#主变无流、Ⅱ母线失压、Ⅰ母线有压，此时分段备自投经（　　　）秒动作，跳2#主变低压侧开关，开关跳开后经（　　　）秒合分段开关，分段备自投动作闭锁2#主变重合闸检验结果应正确。（　　　）。

③ 当备自投动作过程中，检查到某个开关无变位（即开关拒动）后，备自投动作逻辑不再继续向后执行，液晶将会报开关拒动或拒合信息检验结果应正确。（　　　）。

（2）动作时间测试：

运行方式	跳1#或2#主变低压侧开关	合分段开关	闭锁1#或2#主变重合闸
1#变故障			
2#变故障			

检查结果：

检验人签字：＿＿＿＿＿＿＿

＊7.3.3　后加速保护动作特性检验。

后加速时间定值：（　　　）秒；分段后加速电流定值：（　　　）A；主变后加速电流定值：（　　　）A。

后加速保护	0.95 倍定值	1.05 倍定值	条件
1#变后加速			开关合位突然有输入时，瞬时开放给定展宽时间，若无合位输入则不能动作； 做试验时：开关合位与后加速电流同时输入
2#变后加速			
分段后加速			

检查结果：

检验人签字：_____

Δ8　保护带断路器试验

序号	备用方式	断路器位置	条　件	开关动作情况	检查结果
1	1#变运行； 2#变备用	一组一次开关合位 一组二次开关合位 分段开关合位 二组一次开关跳位 二组二次开关跳位	66kV 母线 PT 有压 系统状态：I，II 母无压 #1 变无流	一组一次开关：合→分一组 二次开关：合→分 二组一次开关：分→合 二组二次开关：分→合	
2	2#变运行； 1#变备用	一组一次开关跳位 一组二次开关跳位 分段开关合位 二组一次开关合位 二组二次开关合位	66kV 母线 PT 有压 系统状态：I，II 母无压，#2 变无流	二组一次开关：合→分 二组二次开关：合→分 一组一次开关：分→合 一组二次开关：分→合	
3	分段备用 1	一组一次开关合位 一组二次开关后位 二组一次开关合位 二组二次开关合位 分段开关跳位	10kV II 母线 PT 有压 系统状态：I 母无压 #1 变无流	一组二次开关：合→分 分段开关：分→合	
4	分段备用 2	一组一次开关合位 一组二次开关后位 二组一次开关合位 二组二次开关合位 分段开关跳位	10kV I 母线 PT 有压 系统状态：II 母无压，#2 变无流	二组二次开关：合→分 分段开关：分→合	
5	1#变后加速	一组二次开关由分→合；同时输入主变后加速电流，后加速保护动作跳一组二次开关正确			
6	2#变后加速	二组二次开关由分→合；同时输入主变后加速电流，后加速保护动作跳二组二次开关正确			
7	分段后加速	分段开关由分→合；同时输入分段后加速电流，后加速保护动作跳分段开关正确			
8	中央信号屏备用电源动作信号、备用电源告警信号、备用电源异常信号表示正确警报及音响表示正常。（　　）				
9	主变后备保护动作闭锁备用电源回路检查应正确。（　　）				

检验人签字：_____

Δ9 装置投运准备工作

9.1 投入运行前的准备工作：

9.1.1 现场工作结束后，工作负责人检查试验记录有无漏试验项目，核对装置的整定值是否与定值单相符。（ ）

9.1.2 盖好所有装置及辅助设备的盖子，各装置插板扣紧。（ ）

9.1.3 二次回路接线恢复，拆除在检验时使用的试验设备、仪表及一切连接线，所有被拆除的或临时接入的连线应全部恢复正常，装置所有的信号应复归。（ ）

9.1.4 压板核对及安全措施恢复。（ ）

注：按照继电保护安全措施票及压板确认单恢复安全措施。

检验人签字：_____

9.1.5 对运行人员交代事项：

（1）填写及交代继电保护记录簿，将主要检验项目、试验结果及结论、定值通知单执行情况详细记录在内，向运行负责人员交代检验结果、设备变动情况或遗留问题，并写明该装置可以投入运行。（ ）

（2）交代运行人员在将装置投入前，必须用高内阻电压表以一端对地测保护出口压板端子电压的方法，检查并证实被检验的继电保护装置及安全自动装置确实未给出跳闸或合闸脉冲，才允许将装置的跳合闸连接片投到投入位置。（ ）

工作负责人签字：_____

*10 带负荷测试

10.1 保护装置电压定相

测试数据		I 段（母）电压				II 段（母）电压			
		U_A	U_B	U_C	U_N	U_A	U_B	U_C	U_N
保护屏电压	U_A								
	U_B								
	U_C								
	U_N								

结果 （ ）

10.2 交流回路相位测试

以_____电压为基准。测得数值如下：

相别	电流值	角度	相别	电流值	角度

检验人签字：

Δ11　装置检验发现问题及处理情况

工作负责人签字：

附件一　继电保护二次工作保护压板及设备投切位置确认单

被试设备名称				
工作负责人		工作时间		
工作内容				

运行人员所布置的安全措施：包括应断开及恢复的空气开关（刀闸）、直流铅丝、切换把手、保护压板、连接片、直流线、交流线、信号线、联锁和联锁开关等

序　号	运行人员所布置的安全措施内容	开工前状态				工作结束后状态			
		投入位置	退出位置	运行人员确认签字	继电保护人员签字	投入位置	退出位置	运行人员确认签字	继电保护人员签字

　　填写要求：① 在"运行人员所布置的安全措施内容"栏目内填写具体名称；② 在"投入位置"或"退出位置"栏内写"投"或"退"；③ 未填写的空白栏目内全部画"———————"；④ 附在保护记录中存档。

附件二　继电保护二次工作安全措施票

被试设备名称					
工作负责人		工作时间		签发人	
工作内容					

安全措施：包括应打开恢复连接片、直流线、交流线、信号线、联锁和联锁开关等，按工作顺序填用安全措施

序　号	执　行	安全措施内容	恢　复
1			
2			
3			
4			
5			
6			
7			
8			
9			
10			
11			
12			
13			
14			
15			
16			
17			
18			

检验人：　　　　　　监护人：　　　　　　　　恢复人：　　　　　　监护人：

附录5

＿＿＿＿变电所＿＿＿＿微机低周减载装置 检验标准化作业指导书

装置型号：＿＿＿＿

制造厂家：＿＿＿＿

出厂日期：＿＿＿＿

投运日期：＿＿＿＿

辽宁省电力有限公司

设备变更记录

变更内容			变更日期	执行人
回路变更	1			
	2			
	3			
	4			
	5			
CT 改变比	1			
	2			
	3			
其他	1			
	2			
	3			

_____型微机低周减载装置检验标准化作业指导书

工作负责人	
检验人员	
检验性质	
开始时间	年　　月　　日　　时　　分
结束时间	年　　月　　日　　时　　分
下次检验日期	年　　月
检验结论	

审核人签字		审核日期	

目　　录

1　装置检验要求及注意事项

2　保护装置检验准备工作

3　屏柜及装置的检查

4　绝缘测试

5　装置通电检查

6　保护装置整定值检查

7　装置开关量检查

8　输出接点检查

9　交流回路校验

10　保护装置定值校验

11　用实际断路器或模拟开关做传动试验

12　装置投运准备工作

13　装置检验发现问题及处理情况

附件一　继电保护二次工作保护压板及设备投切位置确认单

附件二　继电保护二次工作安全措施票

1　装置检验要求及注意事项

1.1　新安装装置的检验应按本检验报告规定的全部项目进行。

1.2　定期检验的全部检验项目按本检验报告中注"＊""Δ"号的项目进行。

1.3　定期检验的部分检验项目按本检验报告中注"Δ"号的项目进行。

1.4　每 2 年进行一次部分检验，6 年进行一次全部检验，结合一次设备停电进行断路器的传动试验。

1.5　装置检验详细步骤参照相应规程及生产厂家说明书。

1.6　本作业指导书以书面的形式保存现场班组。

1.7　试验过程中的注意事项。

1.7.1　断开直流电源后才允许插、拔插件，插、拔插件必须有措施，防止因人身静电损坏集成电路芯片。插、拔交流插件时应防止交流电流回路开路。

1.7.2　存放 E^2PROM 芯片的窗口要用防紫外线的不干胶封死。

1.7.3　调试中不要更换芯片，确要更换芯片时应采用人体防静电接地措施，芯片插入的方向应正确，并保证接触可靠。

1.7.4　原则上不能使用电烙铁，试验中确需电烙铁时，应采用带接地线的烙铁或电烙铁断电后再焊接。

1.7.5　试验过程中，应注意不要将插件插错位置。

1.7.6　使用交流电源的电子仪器进行电路参数测试时，仪器外壳应与保护屏在同一点接地。

1.7.7　打印机在通电状态下，不能强行转动走纸旋钮，走纸可通过打印机按键操作或停电后进行。

1.7.8　因检验需要临时短接或断开的端子应逐个记录，并在试验结束后及时恢复。

1.7.9　继电器电压线圈及二次回路通电试验时的注意事项：

1.7.9.1　二次回路通电试验时或进行断路器传动试验时，应通知值班员和有关人员，再经过运行负责人员的同意，并派人到各现场看守，检查回路上确实无人工作后，方可通电；拉合断路器的操作应由运行人员进行。

1.7.9.2　二次回路通电压试验时，为防止由电压互感器二次侧向一次侧反充电，除应将电压互感器二次熔丝断开外，还应取下断线闭锁电容。

1.7.9.3　继电器电压线圈通电时，应断开其电压回路的接线。

1.7.10　为防止接错线，造成跳闸：

1.7.10.1　拆（接）线时应实行二人检查制，一人拆（接）线，一人监护，并要逐项记录，恢复接线时，要根据记录认真核对。

1.7.10.2　变更二次回路接线时，事先应经过审核，拆动接线前与原图核对，接线修改后要与新图核对，拆除没用的线，防止寄生回路存在。

1.7.11　在二次回路工作时，凡遇到异常情况（如开关跳闸等）不论与本身工作是否有关，立即停止工作，保持现状，查明原因，确定与本身工作无关后方可继续工作。

1.7.12　搬运及摆放试验设备、梯子等其他工作用具时应与运行设备保持一定距离，防止误触误碰运行设备，造成保护误跳闸。

1.7.13　为防止低压触电伤害：

1.7.13.1 拆（接）试验线时，必须把电流、电压降至零位，关闭电源开关后方可进行。

1.7.13.2 试验用的接线卡子，必须带绝缘套。

1.7.13.3 试验接线不允许有裸露处，接头要用绝缘胶布包好，接线端子旋钮要拧紧。

1.7.14 防止电流互感器二次开路及电压二次回路接地或短路：

1.7.14.1 不得将电流互感器二次回路及电压互感器二次回路接地回路的永久接地点断开。

1.7.14.2 短路电流互感器二次绕组时，必须使用短路片或短路线，短路应妥善可靠。

1.7.14.3 严禁在带电的电流互感器端子之间的二次回路和导线上进行任何工作。

1.7.14.4 工作时必须有专人监护，使用绝缘工具，并站在绝缘垫上。

1.7.14.5 在带电电压互感器二次回路工作时，应使用绝缘工具，戴手套，必要时设专人监护。

1.7.14.6 接临时负载，必须使用专用的刀闸和熔断器。

2 保护装置检验准备工作

2.1 检验前准备工作

Δ2.1.1 认真了解检验装置的一、二次设备运行情况，了解与运行设备相关的连线，制定安全技术措施。

序 号	了解事项	内 容			
1	检验装置的一次设备运行情况	停电		不停电	
2	相邻的二次设备运行情况				
3	与运行设备相关的连线情况	详见安全措施票			
4	控制措施交待（工作票）	工作票编号		交待情况	
5	其他注意事项				

Δ2.1.2 工具材料准备（准备情况良好打√，存在问题加以说明）。

序 号	检验所需材料	准备情况	检查人
1	与实际状况一致的图纸		
2	上次检验记录		
3	最新定值通知单		
4	工具和试验线		
5	备品备件		
6	继电保护二次工作保护压板及设备投切位置确认单		

Δ2.1.3　仪器仪表。

序　号	名　称	型　号	编　号	生产厂家
1	微机保护试验仪			
2	模拟断路器			
3	数字万用表			
4	交流电流表			
5	交流电压表			
6	相位表			
7	500V 摇表			
8	1000V 摇表			
9	2500V 摇表			

2.2　装置验收检验准备工作

序号	检查内容	检查情况	检验人
1	装置的原理接线图及与之相符的二次回路安装图		
2	电缆敷设图、编号图		
3	断路器操动机构图		
4	电流、电压互感器端子箱图及二次回路分线箱图纸		
5	成套保护、自动装置原理和技术说明书		
6	断路器操动机构说明书		
7	电流、电压互感器的出厂试验报告		
8	根据设计图纸核对装置的安装位置是否正确		
其他补充事项：			

Δ2.3　进行检验工作前办理工作许可手续，执行《继电保护二次工作保护压板及设备投切位置确认单》。

检验人签字：＿＿＿＿＿＿＿

3　屏柜及装置的检查

序号	检　查　内　容	检查结果
1	装置的配置、型号、额定参数、直流电源额定电压、交流额定电流、电压等是否与设计相一致	
2	保护屏、箱体：安装端正、牢固、插接良好，外壳封闭良好，屏体、箱体可靠接地（保护屏有接地端子并用截面 >4mm² 的多股铜线），接地端子与屏上的接地线用铜螺丝压接，保护屏用截面 >50mm² 的多股铜线与 100mm² 接地铜排相连	

续表

序号	检 查 内 容	检查结果
3	屏柜上的连接片、把手、按钮等各类标志应正确完整清晰，并与图纸和运行规程相符，将保护屏上不参与正常运行的连接片取下	
4	检查二次电缆屏蔽线接地是否符合反措规定的要求，用截面 >4mm^2 的多股铜线与接地铜排相连	
5	装置原理、回路接线：装置原理符合有关规程、反措要求，回路接线正确	
6	运行条件：装置附近无强热源、强电磁干扰源。有空调设备，环境温度 −5℃ 至 30℃，空气相对湿度 <75%。地网接地符合规程要求。	
Δ7	用钳形电流表检查流过保护二次电缆的屏蔽层的电流值为（　　）mA，若无电流应检查电缆屏蔽层接地是否良好	
Δ8	装置内外部是否清洁无灰尘，清扫电路板及柜体内端子排上的灰尘	
Δ9	检查装置的小开关、拨轮、按钮等是否良好，显示屏是否清晰，文字清楚	
Δ10	检查各插件印刷电路板是否损伤、变形，连线是否连接好	
Δ11	检查各插件上元件是否焊接良好，芯片是否插紧	
Δ12	检查各插件上变换器、继电器是否固定好，有无松动	
Δ13	检查端子排螺丝是否拧紧，后板配线连接是否良好	

检验人签字：＿＿＿＿＿

Δ4　绝缘测试

条件：仅在新安装的验收试验时进行绝缘试验，按照装置技术说明书的要求拔出相关插件（1000V 兆欧表，要求值大于 1MΩ）。

序号	测试项目	测试值（MΩ）
1	交流电压回路端子对地	
2	交流电流回路端子对地	
3	直流电源回路端子对地	
4	信号回路端子对地	
5	交流电压回路对交流电流回路	
6	交流电压回路对直流电源回路	
7	交流电压回路对信号回路	
8	交流电流回路对直流电源回路	
9	交流电流回路对信号回路	
10	直流电源回路对信号回路	

检验人签字：＿＿＿＿＿

Δ5　装置通电检查

5.1　装置通电前检查保护装置的逆变电源插件运行时间：＿＿＿＿＿＿＿＿＿＿＿＿（超过 4~5 年应更换）。

5.2　合上直流电源，缓升电压 80% V_e 时，DC 电源指示灯及工作运行灯应亮。

结论：＿＿＿＿＿＿

5.3　通入 80% V_e 电压时，断、合直流电源开关两次，装置电源工作应正常。

结论：＿＿＿＿＿＿

5.4　插入电源插件，断开装置直流电压，装置应可靠发失电报警异常信号。

结论：＿＿＿＿＿＿＿＿＿＿

5.5　整定时钟：观察装置时间是否与当前时间一致，拉掉电源 5 分钟后，再合上电源，检查液晶显示时间和日期是否依然准确。

结论：＿＿＿＿＿＿＿＿＿＿

5.6　打印机功能检查：

（1）打印机卫生清扫干净、接口线紧固、无松动。　　　　（　　　）

（2）打印机自检、打印报告应完好。（　　　）

结论：＿＿＿＿＿＿＿＿＿＿

检验人签字：＿＿＿＿＿＿

Δ6　保护装置整定值检查

6.1　检验定值区切换功能是否良好、正确。（　　　）

6.2　保护定值核对是否正确无误。（　　　）

6.3　检查软件版本号及 CRC 校验码是否与所给定值校验码一致。（　　　）

液晶显示版本号及校验码：

	保护板	管理板	形成时间
程序版本			
校验码			

检验人签字：＿＿＿＿＿＿

*7 装置开关量检查

用投退压板及关闭装置电源检验装置闭锁，以及用加入电压然后退调来检查装置报警及 TV 断线信号（注意：应当用有关继电器的实际动作做开关量试验，考验回路接线的正确性），通过"保护状态"菜单下的"开入状态"子菜单观察开入变位情况是否正确：

序号	名称	接通端子	面板状态	检查结果
1	BSJ	1XD1 – 1XD3		
2	BJJ	1XD1 – 1XD4		
3	TXJ	1XD1 – 1XD5		
4	1LP2	1RD9 – 1n905		
5	1LP3	1RD9 – 1n906		

结论：＿＿＿＿＿＿＿＿＿＿

检验人签字：

∗8 输出接点检查

8.1 通装置直流电源，复归所有动作信号，合上压板，测量输出接点的初始状态。

序号	接点组	状态
1	1CD1－1CD4、1CD2－1CD5；2CD1－2CD4、2CD2－2CD5 3CD1－3CD4、3CD2－3CD5；4CD1－4CD4、4CD2－4CD5 5CD1－5CD4、5CD2－5CD5；6CD1－6CD4、6CD2－6CD5 7CD1－7CD4、7CD2－7CD5；8CD1－8CD4、8CD2－8CD5	
2	1XD4－1XD5	

8.2 断开装置直流电源，测量 1XD4－1XD5 是否闭合。

检查结果：

8.3 模拟故障，使装置动作，合上相应压板，测量出口接点是否闭合。

序号	测量接点	相应压板	状态
1	1CD1－1CD4	TLP1	
2	1CD2－1CD5	BLP1	
3	2CD1－2CD4	TLP2	
4	2CD2－2CD5	BLP2	
5	3CD1－3CD4	TLP3	
6	3CD2－3CD5	BLP3	
7	4CD1－4CD4	TLP4	
8	4CD2－4CD5	BLP4	
9	5CD1－5CD4	TLP5	
10	5CD2－5CD5	BLP5	
11	6CD1－6CD4	TLP6	
12	6CD2－6CD5	BLP6	
13	7CD1－7CD4	TLP7	
14	7CD2－7CD5	BLP7	
15	8CD1－8CD4	TLP8	
16	8CD2－8CD5	BLP8	

结论：_____

检验人签字：_____

Δ9 交流回路校验

9.1 零漂检验：要求值 $(-0.01I_n \sim +0.01I_n)$ 之间。

名称	U_{a1}	U_{b1}	U_{c1}	$3U_{01}$	F1	U_{a2}	U_{b2}	U_{c2}	$3U_{02}$	F2
DSP										
CPU										

检验结论：_____

检验人签字：_____

9.2　采样精度校验：在保护屏端子上分别加入额定的电压量及频率值，分别进入"保护状态"菜单中DSP采样值"和"CPU子菜单"查看液晶屏上显示值，误差应小于±5%。

采样通道	U_{a1}	U_{b1}	U_{c1}	U_{a2}	U_{b2}	U_{c2}	F1	F2
外加量								
DSP显示值								
CPU显示值								
最大误差								

检验结论：_____

检验人签字：_____

*9.3　电压、频率线性度检验：要求误差小于±5%。

9.3.1　电压线性度检查

名称 数值	U_{a1}		U_{b1}		U_{c1}		U_{a2}		U_{b2}		U_{c2}	
	DSP	CPU	DSP	CPU	DSP	CPU	DSP	CPU	DSP	CPU	DSP	CPU
50												
40												
30												
20												
10												
最大误差												

9.3.2　频率线性度检查

名称 数值	F1		F2	
	DSP	CPU	DSP	CPU
52				
51				
50				
49				
48				
最大误差				

检验结论：_____

检验人签字：_____

Δ10　保护装置定值校验

低频特殊第一轮定值：

低频特殊第一轮延时：

频率变化率闭锁定值：

项　目	电　压	频率（变化率）	报告显示	装置状态
启动值 校验				
动作值 校验				
两组电压切换 功能校验				
低电压 闭锁功能校验				
频率变化率闭锁 功能校验				
频率值异常闭锁 功能校验				
电压采样回路校验				

Δ11　用实际断路器或模拟开关做传动试验

11.1 模拟两段母线频率同时降低：

11.2 模拟一段母线电压断线，同时系统频率降低情况：

11.3 模拟滑差闭锁情况：

11.4 模拟低电压闭锁情况：

检验人签字：_____

Δ12　装置投运准备工作

12.1　投入运行前的准备工作：

12.1.1　现场工作结束后，工作负责人检查试验记录有无漏试验项目，核对装置的整定值是否与定值单相符。（　　）

12.1.2　盖好所有装置及辅助设备的盖子，各装置插板扣紧。（　　）

12.1.3　二次回路接线恢复，拆除在检验时使用的试验设备、仪表及一切连接线，所有被拆除的或临时接入的连线应全部恢复正常，装置所有的信号应复归。（　　）

12.1.4　压板核对及安全措施恢复。（　　）

注：按照继电保护安全措施票及压板确认单恢复安全措施。

检验人：_____

12.1.5　对运行人员交代事项：

（1）填写及交代继电保护记录簿，将主要检验项目、试验结果及结论、定值通知单执行情况详细记录在内，向运行负责人员交代检验结果、设备变动情况或遗留问题，并写明该装置可以投入运行。（　　）

（2）交代运行人员在将装置投入前，必须用高内阻电压表以一端对地测保护出口压板端子电压的方法，检查并证实被检验的继电保护装置及安全自动装置确实未给出跳闸或合闸脉冲，才允许将装置的跳合闸连接片投到投入位置。（　　）

工作负责人签字：_____

Δ13　装置检验发现问题及处理情况

工作负责人签字：_____

附件一 继电保护二次工作保护压板及设备投切位置确认单

被试设备名称				
工作负责人		工作时间		
工作内容				

运行人员所布置的安全措施：包括应断开及恢复的空气开关（刀闸）、直流铅丝、切换把手、保护压板、连接片、直流线、交流线、信号线、联锁和联锁开关等

序 号	运行人员所布置的安全措施内容	开工前状态				工作结束后状态			
		投入位置	退出位置	运行人员确认签字	继电保护人员签字	投入位置	退出位置	运行人员确认签字	继电保护人员签字

　　填写要求：① 在"运行人员所布置的安全措施内容"栏目内填写具体名称；② 在"投入位置"或"退出位置"栏内写"投"或"退"；③ 未填写的空白栏目内全部画"——————"；④ 附在保护记录中存档。

附件二　继电保护二次工作安全措施票

被试设备名称					
工作负责人		工作时间		签发人	
工作内容					

安全措施：包括应打开恢复连接片、直流线、交流线、信号线、联锁和联锁开关等，按工作顺序填用安全措施

序　号	执　行	安全措施内容	恢　复
1			
2			
3			
4			
5			
6			
7			
8			
9			
10			
11			
12			
13			
14			
15			
16			
17			
18			

检验人：　　　　　监护人：　　　　　　恢复人：　　　　　监护人：